纺织服装高等教育"十三五"部委级规划教材

服装工业制板与推板技术

王秀芝　赵欲晓　编著

东华大学出版社
·上海·

内容简介

本书主要介绍了服装工业制板与推板的基础知识、国家服装标准及工业板样规格设计、服装工业推板原理与技术、裙装工业制板、裤装工业制板、衬衫工业制板、西装工业制板、大衣工业制板及服装排料基础知识。这些内容都是要成为服装专业技术人才必备的基础知识和技能。本书结构严谨、图例精细、重点突出、可操作性较强，同时具有图文并茂、通俗易懂和实用性强等特点。本书可作为服装高等本科院校、高等专科院校、高等职业院校等相关专业学生学习用书，也可作为服装企业工作者的技术培训教材，对广大的服装爱好者具有一定的参考价值。

图书在版编目（ＣＩＰ）数据

服装工业制板与推板技术 / 王秀芝, 赵欲晓编著.
—上海：东华大学出版社, 2017.9
ISBN 978-7-5669-1249-7

Ⅰ. ①服… Ⅱ. ①王… ②赵… Ⅲ. ①服装量
裁 Ⅳ. ①TS941.631

中国版本图书馆CIP数据核字（2017）第 165956 号

责任编辑　杜亚玲

封面设计　蒋孝锋

服装工业制板与推板技术

王秀芝　赵欲晓　编著

东华大学出版社出版

上海市延安西路1882号

邮政编码：200051　电话：（021）62193056

新华书店上海发行所发行　上海龙腾印务有限公司印刷

开本：787mm×1092mm　1/16　印张：10.75　字数：300千字

2017年9月第1版　2020年7月第2次印刷

ISBN 978-7-5669-1249-7

定价：35.00元

CONTENTS
目　录

CONTENTS
目 录

第一章

服装工业制板

第一节　绪　论

纸样（Pattern）是现代服装工业的专用术语，含有"样板""标准"等意思，是服装设计的基础知识之一。它是表达服装设计者设计意图的桥梁和媒介；是从设计思维、想象到服装造型的重要技术条件。然而，它的最终目的是为了高效而准确地进行服装的工业化生产。因此，纸样也是服装工业化和商品化的必要手段。

最初纸样并不是为了服装的工业化生产而产生的。19世纪初，欧洲普通妇女们虽崇尚巴黎时装，但因为价格昂贵使一般人可望而不可及。为了适应这一社会需求，一些时装店的商人就把时髦的服装样式复制成像裁片一样的纸样出售，使许多不敢对价格昂贵时装问津的妇女转而纷纷购买纸样，由此纸样成了一种商品。英国的《时装世界》杂志早在1850年就开始刊登各种服装的剪裁图样。1862年美国裁剪师伯特尔·理克创造了和服装规格一般大小的服装纸样进行多件加工，3年之后他在纽约开设了时装商店，并设计和出售纸样，这就是最初的服装纸样。但是，由于它并没有真正运用在服装工业化生产上并有效地促进服装工业化进程，纸样也就没有得到根本的重视，纸样的工业化只有随着服装机械的进步和生产方式的革命才逐步得到实现。

1830年，第一台缝纫机在美国诞生，使服装工业进入了划时代的时期。1897年，许多手工操作的缝纫机械的相继问世，大大地提高了服装产品的质量和产量。此后，专门分科的工业化生产方式应运而生，出现了专门的设计师、样板师、剪裁工、缝纫工、熨烫工等。这种生产方式的显著特点是批量大，另外由于分科加工形式，使缝纫工产生不完整概念，他们只能遵循单科标准，这就要求设计上是全面、系统、准确、标准化的，纸样正是为了适应这些要求而设计制作的。纸样也被称为样板、纸板、纸型等。总之它是服装工业生产中所依据的工艺和造型的标准，我们把这种纸样叫做工业纸样（Pattern maker）。由此可见，纸样的真正价值是随着近代服装工业的发展而确立的。服装工业化造就了纸样技术，纸样技术的发展和完善又促进了成衣社会化的进程，繁荣了时装市场，反过来又刺激了服装设计和加工业的发展，使成衣产业成为最早的国际性产业之一。因此，纸样技术的产生被行业界和理论界视为服装产业的第一次技术革命。

一、纸样的概念与分类

纸样是服装各个部件的一个平面图解（形状）。纸样是服装样板的统称，其中包括：用于批量生产的工业纸样，用于定制服装的单款纸样，家庭使用的简易纸样以及有地域或社会集团区别的号型纸样。例如只在日本适用的日本号型纸样，只在英国、法国等欧洲国家适用的欧洲号型纸样，肥胖型、细长型特体纸样等。

服装工业纸样在整个生产过程中都要使用，只不过使用的纸样种类不同。工业纸样分为裁剪用纸样和工艺用纸样。

（一）裁剪纸样

裁剪用纸样主要是在成衣生产中确保批量生产的同一规格的裁片大小一致，使得该规格所有的服装在整理结束后各部位的尺寸与规格表上的尺寸相同（允许符合标准的公差），相互之间的款型一样。裁剪用纸样主要包括面料纸样、衬里纸样、里子纸样、衬布纸样、内衬纸样、辅助纸样等。工艺用纸样主要包括修正纸样、定位纸样、定型纸样、辅助纸样。

（1）面料纸样。通常是指衣身的纸样，多数情况下有前片、后片、袖子、领子、挂面、袖头、袋盖、袋垫布等。面料纸样要求结构准确，纸样上标识正确清晰，如布纹方向、剪口标记等。面料纸样一般是毛板纸样。

（2）衬里纸样。衬里纸样与面料纸样一样大，主要用于遮住有网眼的面料，以防透过薄面料看见里面的省道和缝份等。通常面料与衬里一起缝合。衬里常使用薄的里子面料，衬里纸样为毛板纸样。

（3）里子纸样。里子纸样一般包括前片、后片、袖子和里袋布等一些小部件。里子纸样也是毛板纸样，但里子的缝份和面料的缝份有所区别，里子纸样缝份一般比面料纸样的缝份大0.5~1.5cm，折边的部位里子的长短比衣身纸样少一个折边宽，少数部位边不放缝份。

（4）衬布纸样。衬布有有纺或无纺、可缝或可黏之分。根据不同的面料、不同的使用部位、不同的作用效果，有选择地进行覆衬。一般男西装覆衬是最复杂的。衬布纸样有时使用毛板，有时使用净板。

（5）内衬纸样。内衬主要介于大身和里子之间，起到保暖的作用。毛织物、絮料、起绒布、法兰绒等常用作内衬，通常绗缝在里子上，所以内衬纸样比里子纸样稍大些。

（6）辅助纸样。主要起到辅助裁剪的作用比如橡筋纸样。辅助纸样多为毛板。

（二）工艺纸样

工艺用纸样主要用于缝制加工过程和后整理环节中。通过它可以使服装加工顺利进行，保证产品规格一致，提高产品质量。

（1）修正纸样。主要用于校正裁片。比如西装裁片经过高温加压黏衬后，会发生热缩等变形现象，导致左、右两片不对称，这就需要用标准的纸样修剪裁片。修正纸样与裁剪纸样形状一样。

（2）定位纸样。有净纸样和毛纸样之分，主要用于半成品中某些部位的定位，比如衬衫上胸袋和扣眼等的位置确定。在多数情况下，定位纸样和修正纸样两者合用；而锁眼钉扣是在后整理中进行的，所以扣眼定位纸样只能使用净样板。

（3）定型纸样。只用在缝制加工过程中，保持款式某些部位的形状，比如牛仔裤的月牙袋、西服的前止口、衬衫的领子和胸袋等（图1-1）。定型纸样使用净样板，缝制时要求准确，不允许有误差。定型纸样的质地应选择较硬而又耐磨的材料。

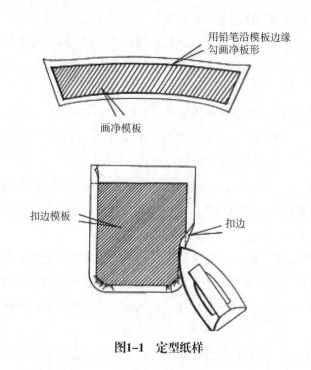

图1-1　定型纸样

（4）辅助纸样。与裁剪用纸样中的辅助纸样有很大的不同，只用在缝制和整烫过程中起辅助作用，比如在轻薄的面料上缝制暗裥后，为了防止熨烫时正面产生褶皱，在裥的下面衬上窄条，这个窄条就是起辅助作用的纸样。有时在缝制裤口时，为了保证两只裤口大小一致，采用一条标准裤口尺寸的纸样作为校正，这片纸样也是辅助纸样。

二、服装工业制板的概念与要求

服装工业制板是绘制一整套利于裁剪、缝制、后整理的样板的过程，绘制的样板要符合款式、面料、规格尺寸和工艺要求等。服装工业样板是指一整套从小号型到大号型的系列化样板。它是服装工业生产中的主要技术依据，是排料、画样、缝制以及检验的标准模板。

对服装工业制板者的知识要求：

（1）设计制定服装工业样板必须要有过硬的服装结构设计知识。

（2）设计制定服装工业样板必须要懂得服装相关的专业标准。

（3）设计制定服装工业样板必须要有一定的画线绘图能力。

三、服装工业制板的流程

按照成衣工业生产的方式，服装工业制板的流程可以分为3种：客户提供样品和订单；客户只提供订单和款式图而没有样品；只有样品没有其他任何参考资料。下面分别介绍：

（一）既有样品又有订单

既有样品又有订单是大多数服装生产企业，尤其是外贸加工企业经常遇到的情况，由于它比较规范，所以供销部门、技术部门、生产部门以及质量检验部门都乐于接受。对此，绘制工业纸样的技术部门必须按照以下流程去实施：

（1）分析订单。分析订单包括面料分析：缩水率、热缩率、倒顺毛、对格对条等；规格尺寸分析：具体测量的部位和方法，小部件的尺寸确定等；工艺分析：裁剪工艺、缝制工艺、整烫工艺、锁眼钉扣工艺等；款式图分析：在订单上有生产该服装的结构图，通过分析大致了解服装的构成；包装装箱分析：单色单码（一箱中的服装不仅是同一种颜色而且是同一种规格装箱）、单色混码（同一颜色不同规格装箱）、混色混码（不同颜色不同规格装箱），平面包装、立体包装等。

（2）分析样品。从样品中了解服装的结构、制作工艺、分割线的位置、小部件的组合及测量尺寸的大小和方法等。

（3）确定中间标准规格。针对中间规格进行各部位尺寸分析，了解它们之间的相互关系，有的尺寸还要细分，从中发现规律。

（4）确定制板方案。根据款式的特点和订单要求，确定是用比例法还是用原型法，或用其他的制板方法等。

（5）绘制中间规格的纸样。绘制中间规格的纸样有时又称为封样纸样，客户或设计人员要对按照这份纸样缝制的服装进行检验并提出修改意见，确保在投产前产品合格。

（6）封样品的裁剪、缝制和后整理。封样品的裁剪、缝制和后整理过程要严格按照纸样的大小、纸样的说明和工艺要求进行操作。

（7）依据封样意见共同分析和会诊。依据封样意见共同分析和会诊，从中找出产生问题的原因，进而修改中间规格的纸样，最后确定投产用的中间规格纸样。

（8）推板：根据中间规格纸样推导出其他规格的服装工业用纸样。

（9）检查全套纸样是否齐全：在裁剪车间，一个品种的批量裁剪铺料少则几十层、多则上百层，而且面料可能还存在色差。如果缺少某些裁片纸样就开裁面料，会造成裁剪结束后，再找同样颜色的面料来补裁就比较困难（因为同色而不同匹的面料往往有色差），既浪费人力、物力，效果也不好。

（10）制定工艺说明书和绘制一定比例的排料图：服装工艺说明书是缝制应遵循和注意的必备资料，是保证生产顺利进行的必要条件，也是质量检验的标准；而排料图是裁剪车间画样、排料的技术依据，它可以控制面料的耗量，对节约面料、降低成本起着积极的指导作用。以上10个步骤概括了服装工业制板的全过程，这仅是广义上服装工业制板的含义，只有不断地实践，丰富知识，积累经验，才能真正掌握其内涵。

（二）只有订单和款式图或只有服装效果图和结构图但没有样品

这种情况增加了服装工业制板的难度，一般常见于比较简单的典型款式，如衬衫、裙子、裤子等。要绘制出合格的纸样，制板者不但需要积累大量的类似服装的款式和结构知识，而且还应有丰富的制板经验。其主要流程如下。

（1）要详细分析订单。详细分析订单包括分析订单上的简单工艺说明、面料的使用及特性、各部位的测量方法及尺寸大小、尺寸之间的相互关系等。

（2）详细分析订单上的款式图或示意图。从示意图上了解服装款式的大致结构，结合以前遇到的类似款式进行比较，对于一些不合理的结构，按照常规在绘制纸样时进行适当的调整和修改。其余各步骤基本与第一种情况自流程（3）（含流程3）以下一致。只是对流程（7）要做更深入的了解，不明之处，多向客户咨询，不断修改，最终与客户达成共识。总之，绝对不能在有疑问的情况下就匆忙投产。

（三）仅有样品而无其他任何资料

仅有样品而无其他任何资料多发生在内销的产品中。由于目前服装市场的特点为多品种、小批量、短周期、高风险，于是有少数小型服装企业会采取不正当的生产经营方式。一些款式新、销售比较看好的服装刚一上市，有些经营者就立即购买一件该款服装作为样品进行仿制，在很短时间内就投放市场，而且销售价格大大低于正品的服装。对于这种不正当竞争行为，虽不能模仿，但还是要了解其特点，其主要流程如下。

（1）详细分析样品的结构。分析分割线的位置、小部件的组成、各种里子和衬料的分布、袖子和领子与前后片的配合、锁眼及钉扣的位置等；关键部位的尺寸测量和分析、各小部件位置的确定和尺寸分析；各缝口的工艺加工方法分析；熨烫及包装的方法分析等。最后，制定合理的工艺单。

（2）面料分析。面料分析是指分析衣身面料的成分、花型、组织结构等；分析各部位用衬（Interfacing）的规格；根据衣身面料和穿着的季节选用合适的里子（Lining），针对特殊的要求（如透明的面料）需加与之匹配的衬里（Underlining），有些保暖服装（如滑雪服、户外服）需衬有保暖的内衬（Interlining）等材料。

（3）辅料分析。包括分析拉链的规格和用处；扣子、铆钉、吊牌等的合理选用；根据弹性、宽窄、长短选择橡筋并分析其使用的部位；确定缝纫线的规格等。　其余各步骤与第一种方式自流程（3）（含流程3）以下一样，然后进行裁剪、仿制（俗称"扒板"）。对于比较宽松的服装，可以做到与样品一致；对于合体的服装，可以通过多次修改纸样，试制样衣，几次反复就能够做到；而对于使用特殊的裁剪方法（如立体裁剪法）缝制的服装，要做到与样品完全一致，一般的裁剪方法很难实现。

第二节　服装工业制板前的准备

一、材料与工具的准备

（1）米尺：以公制为计量单位的尺子，长度为100cm，质地为木质或塑料。

（2）角尺：两边成90°的尺子，两边刻度分别为35cm和60cm，反面有分数的缩小刻度，质地有塑料、木质两种。

（3）弯尺：两侧成弧线状的尺子。用于绘制侧缝、袖缝等长弧线，制图线条光滑。

（4）直尺：绘制直线及测量较短直线距离的尺子，其长度有20cm、50cm等。

（5）三角尺：三角形的尺子，一个角为直角，其余角为锐角，质地为塑料或有机玻璃。

（6）比例尺：绘图时用来度量长度的工具，其刻度按长度单位缩小或放大若干倍。

（7）圆规：画圆用的绘图工具。

（8）擦图片：用于擦拭多余及需更正的线条的薄型图板。

（9）丁字尺：绘直线用的丁字形尺。

（10）自由曲线尺：可以任意弯曲的尺，其内芯为扁形金属条，外层包软塑料。

（11）分规：绘图工具。常用来移量长度或两点距离和等分直线或圆弧长度等。

（12）曲线板：绘曲线用的薄板。服装结构制图使用的曲线板，其边缘曲线的曲率要小。

（13）铅笔：实寸作图时，制基础线选用F或HB型铅笔，轮廓线选用HB或B型铅笔；

（14）大头针：固定衣片用的针。

（15）钻子：剪切时钻洞作标记的工具，以钻头尖锐为佳。

（16）工作台板：裁剪、缝纫用的工作台。一般高为80～85cm，长为130～150cm，宽为75～80cm，台面要平整。

（17）划粉：用于在衣料上面结构制图的工具。

（18）裁剪剪刀：剪切纸样或衣料时的工具。有22.9cm（9英寸）、25.4cm（10英寸）、27.9cm（11英寸）、30.5cm（12英寸）等规格。

（19）花齿剪：刀口呈锯齿形的剪刀。

（20）擂盘：在纸样和衣料上做标记的工具。

（21）样板纸：制作样板用的硬质纸，用数张牛皮纸经热压黏合而成，可久用不变形。

二、制板前的技术文件准备

（一）服装制造通知单

×××××××有限公司

生产制造通知单

品名		款号		品牌		生产批号	
【面料名称】：					数量	0 件	
【面料成分】：					执行标准: GB/T 14272–2011		
【里料成分】：					安全类别: GB18401–2010C类		
【衣身填充物】：					零售价（吊牌）： 元		

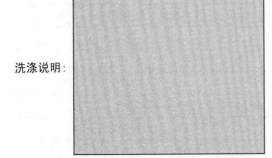

洗涤说明：

—分开水洗 —垫布熨烫—禁用带漂白功能的洗涤用品—不可甩干或绞拧,干燥后轻轻拍打至蓬松

规 格 尺 寸							
部位	M	L	XL	2XL	3XL	档差	公差
	170/88A	175/92A	180/96A	185/100A	190/104A		
后中衣长（cm）	71	73	75	77	79	2	±1
肩宽（肩点至肩点）（cm）	45.8	47	48.2	49.4	50.6	1.2	±0.5
胸围（夹下平量）（cm）	112	116	120	124	128	4	±1.5
下摆（cm）	107	111	115	119	123	4	±1.5
袖长（肩点至袖口）（cm）	60.5	62	63.5	65	66.5	1.5	±0.5
袖肥（1/2）（cm）	20.5	21	21.5	22	22.5	0.5	±0.3
袖口（1/2）（cm）	14	14.5	15	15.5	16	0.5	±0.3
领围（cm）	50.5	50.5	52	52	52		
领高（cm）	8	8	8	8	8		
罗纹袖口高（cm）×（宽/2）（cm）	6.5×10.5	6.5×10.5	6.5×11.5	6.5×11.5	6.5×11.5		
下摆贴边宽（cm）	4	4	4	4	4		
门襟宽/里襟宽（cm）	6.3/3	6.3/3	6.3/3	6.3/3	6.3/3		

插袋净长（cm）×净宽（cm）	18×1.2	18×1.2	18×1.2	18×1.2	18×1.2	
下摆橡筋长（cm）	116	120	124	128	132	
门襟拉链长（cm）	63.5	65.5	67	69	71	
插袋拉链长（cm）	18	18	18	18	18	
充绒克重（g）	82	89	96	103	110	

下单比例

色号	颜色（线色）	170/88A	175/92A	180/96A	185/100A	190/104A	合计	单位
1#色	黑色	0	0	0	0	0	0	件
2#色	墨绿	0	0	0	0	0	0	件
合计		0	0	0	0	0	0	件

辅料清单

名称	规格	所用位置	单件用量	单位	正常损耗	合计数量	备注
主标		商标贴	1	枚	1%	0	
尺码		商标贴	1	枚	1%	0	
钮扣		商标贴下面	1	粒	1%	0	
洗唛		里袋	1	枚	1%	0	
树脂扣	22型	里袋	2	粒	2%	0	
备用扣	ABCD四件套	备用扣	1	套	0%	0	
门襟拉链	5#树脂开口链	门襟	1	条	1%	0	
插袋拉链	5#防水闭口链	插袋	2	条	1%	0	
四合扣面扣	明扣面板(A件)	门襟	4	粒	1%	0	
四合扣面扣	暗扣面板(A件)	门襟，帽子	6	粒	1%	0	
四合扣底扣	下三件(BCD件)	门襟，帽子	10	套	1%	0	
罗纹	(25×16)×2只	袖口	1	套	1%	0	
圆橡筋	0.3直径	下摆	1.22	m	2%	0	
气眼		下摆	4	付	1%	0	
松紧扣	锌合金弹簧扣	下摆	2	只	1%	0	
织带		里布		m	2%	0	
织带	1.4cm	下摆	0.12	m	2%	0	

无纺衬：领里上×1，挂面×2，里襟×1，领襻×1，下摆贴×1，袖口贴×2，里开里垫×4，商标垫×1

布　衬：领里插色×1，领面贴×1，商标垫×1，门襟里×1

100g压缩棉：领×1，里襟×1，领襻×2

80g复合棉：门襟×1（对折做）

制单		技术		经理	

（二）服装封样单

×××××××公司产前封样单

合同号：	封样单位：		封样日期：
款号：	款式描述：		封样结果：
封样尺码：	封样颜色：		尺寸：接受【 】不接受【 】
样衣类型：			做工：接受【 】不接受【 】
尺寸记录：			缝制意见：
部位	指示尺寸	样式尺寸	
			锁钉要求：
			绣花/水洗：
			整烫要求：
			包装要求：

跟单员签字【QC】：　　　　　　工厂负责人签字【Factory】：

（三）测试布料缩水率和热缩率

1. 缩水率

织物的缩水率主要取决于纤维的特性、织物的组织结构、织物的厚度、织物的后整理和缩水的方法等。通常，经纱方向的缩水率比纬纱方向的缩水率大。

下面介绍毛织物在静态浸水时缩水率的测定。

调湿和测量的温度为20℃±2℃，湿度为65%±3%，裁取1.2m长的全幅织物作为试样，将试样平放在工作平台上，在经向上至少作3对标记，纬向上至少作5对标记，每对标记要相应均匀分布，以使测量值能代表整块试样。其操作步骤如下：

（1）将试样在标准大气中平铺调湿至少24h。

（2）将调湿后的试样无张力地平放在测量工作台上，在距离标记约1cm处压上4kg金属压尺，然后测量每对标记间的距离，精确到1mm。

（3）称取试样的重量。

（4）将试样以自然状态散开，浸入温度20~30℃的水中1h，水中加1g/L烷基聚氧乙烯醚，使试样充分浸没于水中。

（5）取出试样，放入离心脱水机内脱干，小心展开试样，置于室内，晾放在直径为6~8cm的圆杆上，织物经向与圆杆近似垂直，标记部位不得放在圆杆上。

（6）晾干后试样移入标准大气中调湿。

（7）称取试样重量，若织物浸水前调湿重量和浸水晾干调湿后的重量差异在±2%以内，然后按前述步骤（2）再次测量。

试样尺寸的缩水率：

$$S=\frac{L_1-L_2}{L_1}\times100\%$$

式中：S——经向或纬向尺寸缩水率，（%）；

L_1——浸水前经向或纬向标记间的平均长度，mm；

L_2——浸水后经向或纬向标记间的平均长度，mm。

当$S\geq0$，表示织物收缩；$S<0$，表示试样伸长。

例如，用哈味呢的面料缝制裤子，而裤子的成品规格裤长是100cm，经向的缩水率是3%，那么，制板纸样的裤长L：

$$L=100/（1-3/100）=100/0.97=103.1（cm）$$

其他织物，如缝制牛仔服装的织物，试样的量取方法类似毛织物，而牛仔服装的水洗方法很多，如石磨洗、漂洗等，试样的缩水率应根据实际的水洗方法来确定，但绘制纸板尺寸的计算公式还是上式。对于缩水率，国家有统一的产品质量标准规定。

2. 热缩率

织物的热缩率与缩水率类似，主要取决于纤维的特性、织物的密度、织物的后整理和熨烫的温度等。在多数情况下，经纱方向的热缩率比纬纱方向的热缩率大。

下面介绍毛织物在干热熨烫条件下热缩率的测试。

试验条件：在标准大气压，温度为20℃±2℃，相对湿度为65%±3%，对织物进行调试时，试样不得小于20cm长的全幅，在试样的中央和旁边部位（至少离开布边10cm）画出70mm×70mm的两个正方形，然后用与试样色泽相异细线，在正方形的四个角上作以标记，试验步骤如下：

（1）将试样在试验用标准大气下平铺调湿至少24h，纯合纤产品至少调湿8h。

（2）将调湿后的试样无张力地平放在工作台上，依此测量经、纬向各对标记间的距离，精确到0.5mm，并分别计算出每块试样的经、纬向的平均距离。

（3）将温度计放入带槽石棉板内，压上熨斗或其他相应的装置加热到180℃以上，然后降温到180℃时，先将试样平放在毛毯上，再压上熨斗，保持15s，然后移开试样。

（4）按前述步骤（1）和（2）要求重新调湿，测量和计算经、纬向平均距离。试样尺寸的热缩率：

$$R= \frac{L_1-L_2}{L_1} \times 100\%$$

式中：R——分别是试样经、纬向的尺寸热缩率，（％）；

L_1——试样熨烫前标记间的平均距离，mm；

L_2——试样熨烫后标记间的平均长度，mm。

当R≥0，表示织物收缩，R＜0，表示试样伸长。

例如，用精纺呢绒面料缝制西服上衣，成品规格的衣长是74cm，经向缩水率是2%，那么，制板纸样的衣长L：

$$L=74/（1-2/100）=74/0.98=75.5（cm）$$

但事情并不那么简单，通常的情况是面料上要黏有纺衬或无纺衬，这时，不仅要考虑面料的热缩率，还要考虑衬的热缩率，在保证它们能有很好的服用性能的基础上，黏合在一起后，计算它们共有的热缩率，从而确定适当的制板纸样尺寸。

至于其他面料，尤其是化纤面料，一定要注意熨烫的合适温度，防止面料出现焦化等现象。各种纤维合适的熨烫温度见表1-1。

表1-1　各种纤维合适的熨烫温度

纤　维	熨烫温度（℃）	备　　注
棉、麻	160～200	给水可适当提高温度
毛织物	120～160	反面熨烫
丝织物	120～140	反面熨烫，不能给水
黏胶	120～150	
涤纶、锦纶、腈纶、维纶、丙纶	110～130	维纶面料不能用湿的烫布，也不能喷水熨烫；丙纶必须用湿烫布
氯纶		不能熨烫

影响服装成品规格还有其他因素，如缝缩率等，这与织物的质地、缝纫线的性质、缝制时上下线的张力、压脚的压力以及人为因素有关，在可能的情况下，纸样中可作适当处理。

三、服装工业样板常用符号（表1-2）

表1-2　服装工业样板常用符号

名称	表示符号	使　用　说　明
细实线	——————	表示制图的基础线，为粗实线宽度的1/2
粗实线	——————	表示制图的轮廓线，宽度为0.05~0.1cm
等分线	⌢⌢⌢⌢	等距离的弧线，虚线的宽度和实线相同
点画线	—·—·—·—	表示衣片相连接、不可裁开的线条，线条的宽度与细实线相同
双点画线	—··—··—	用于裁片的折边部位，线条的宽度与细实线相同
虚线	- - - - - -	用于表示背面轮廓线和缉缝线的线条，线条的宽度与细实线相同
距离线	←————→	表示裁片某一部位两点之间的距离，箭头指示到部位的轮廓线
省道线	◁	表示省道的位置与形状，一般用粗实线表示
褶位线	∭∭∭	表示衣片需要采用收褶工艺，用缩缝号或褶位线符号表示
裥位线	▤ ▥	表示一片需要折叠进的部分，斜线方向表示褶裥的折叠方向
塔克线	‖‖‖‖‖	图中细线表示塔克梗起的部分，虚线表示缉明线的部分
净样线	⊶————	表示裁片属于净尺寸，不包括缝份在内
毛样线	⦀⦀⦀	表示裁片的尺寸包括缝份在内
经向线	↕	表示服装面料经向的线，符号的设置应与面料的经向平行
顺向号	———→	表示服装面料的表面毛绒顺向的标记，箭头的顺向应与它相同
正面号	□	用于指示服装面料正面的符号
反面号	⊠	用于指示服装面料反面的符号
对条号	—┼—	表示相关裁片之间条纹一致的标记，符号的纵横线对应布纹
对花号	⊠	表示相关裁片之间应当对齐花纹的标记
对格号	—┼┼—	表示相关裁片之间应该对格的标记，符号的丛横应该对应布纹

名称	表示符号	使 用 说 明
剖面线		表示部位结构剖面的标记
拼接号	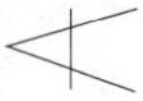	表示相邻的衣片之间需要拼接的标记
省略号	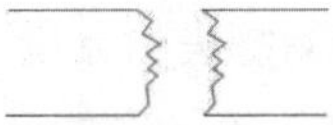	用于长度较大而结构图中又无法全部画出的部件
否定号		用于将制图中错误线条作废的标记
缩缝号		表示裁片某一部位需要用缝线抽缩的标记
拔开		表示裁片的某一部位需要熨烫拉伸的标记
同寸号	○ ● ▲	表示相邻尺寸裁片的大小相同
重叠号		表示相关衣片交叉重叠部位的标记
罗纹号	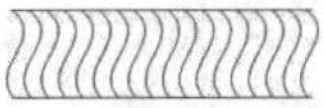	表示服装的下摆、袖口等需要装罗纹的部位的标记
明线号	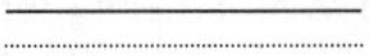	实线表示衣片的外轮廓,虚线表示明线的线迹
扣眼位		表示服装扣眼位置及大小的标记
钮扣位		表示服装钮扣位置的标记,交叉线的交点是缝线位置
刀口位	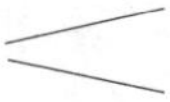	在相关衣片需要对位的地方所做的标记
归拢		指借助一定的温度和工艺手段将余量归拢
对位	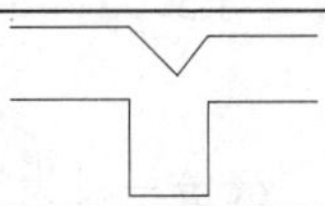	表示纸样上的两个部位缝制时需要对位
钉扣		表示钉扣位置
缝合止点		表示缝合止点外还表示缝合开始的位置及附加物安装的位置

第三节　服装工业样板中净板的加放

一、缝份的种类

（1）做缝。是在净纸样的周边另加的放缝，是缝合时所需缝去的分量。

（2）折边。服装的边缘部分一般采用折边来进行工艺处理，各有不同的放缝量。

（3）放余量。除所需加放的缝头外，在某些部位还需要多加放一些余量，以备放大或加肥时用。

二、缝份加放的方法

（1）根据缝份的大小，样板的毛样线与净样线保持平行，即遵循平行加放原则。

（2）肩线、侧缝、前后中线等近似直线的轮廓线缝份加放1~1.2cm。

（3）领圈、袖窿等曲度较大的轮廓线缝份加放0.8~1cm。

（4）折边部位缝份的加放量根据款式不同，变化较大。

（5）注意各样板的拼接处应保证缝份宽窄、长度相当，角度吻合。

（6）对于不同质地的服装材料，缝份的加放量要进行相应的调整。

（7）对于配里的服装，里布的放缝方法与面布的放缝方法基本相同，在围度方向上里布的放缝要大于面布，一般大0.2~0.3cm，长度方向上在净样的基础上放缝1cm即可。

三、缝份加放的大小

（1）一般缝份。包括前后侧缝、分割线两侧、前后肩缝、前后袖缝等，一般放量1~1.2cm，面料纱线较易脱散时缝份1.2cm+0.3cm；

（2）弧线部位缝份。包括领窝、领下口线、袖窿、袖山、裤上裆底部、弧度大的底边等，缝份一般为0.8~1cm；

（3）受力大的部位缝份：包括上衣背缝、裤装后上裆缝等受力大部位需增加牢度，缝份一般为1.5~2cm；

（4）装饰性缝份。包括袖口、上衣底边、裙片、裤口等，缝份一般为3.5~4.5cm；

（5）特殊缝型。来回缝两侧缝份一般大于1.2cm；锁边缝两侧一般为1.2cm+0.3cm；压倒缝上侧缝份一般小于1.2cm；下侧缝份大于等于1.2cm；包缝缝型一般大于1.2cm。

第四节　服装工业样板的技术标准

　　服装工业制板的技术标准是针对一套完整的服装工业样板而言的。一套完整的服装工业样板由裁剪样板和工艺样板组成。这些样板不仅要求规格准确、形状优美、轮廓线圆顺光滑等，还包括在样板上做出的各种定位标记、纱向标记及相关的文字说明。服装样板的技术标准化是产品质量最基本的保证。

一、技术标准的范围

（一）定位标记

　　为了方便工人生产，制板师在样板上用钻眼和打剪口的方法来表示样板中的省位、省的大小，褶裥位、褶裥的大小，袋位、袋口的大小，缝份、折边的宽窄以及各部位的吻合点等的位置，这些样板上的钻眼和剪口称为定位标记（图1-2）。

　　定位标记钻眼一般打在样板的内部，钻眼基本能反映各种部件的位置和大小。钻眼点应向内少许，避免缝制后钻眼点外露。在样板中，钻眼与实际定位点是一致的。

　　剪口打在样板的边缘部位，主要用来反映省位、缝份、贴边大小及其他边缘部位的位置和大小。剪口深度应小于缝份，一般为缝份的一半为宜。

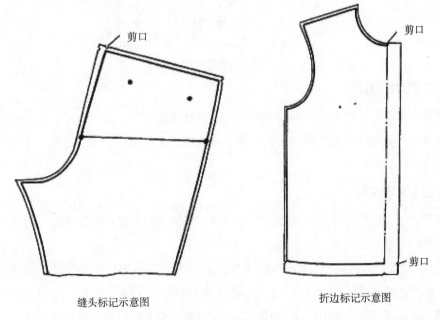

缝头标记示意图　　　　　　折边标记示意图

图1-2①　定位标记示意图

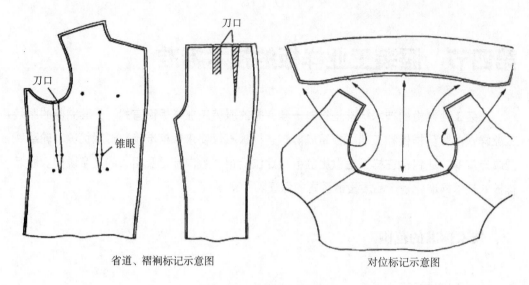

省道、褶裥标记示意图　　　　　　　　　　对位标记示意图

图1-2②　定位标记示意图

（二）丝缕标记

丝缕标记是标明样板（或裁片）丝缕方向的一种记号，多以经向符号表示（图1-3）。样板的各个部位都应作出丝缕标记。

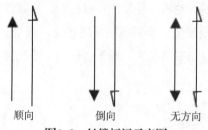

顺向　　　　　　　　倒向　　　　　　　无方向

图1-3　丝缕标记示意图

（三）对称标记

服装中对称轴比较长且连折的对称部位，样板通常只制一半，如后衣片、男式衬衫的过肩等，对称轴必须作出醒目的连折单点画线标记。样板边口涂上树脂，止口的缝份盖止口章。

（四）文字说明

文字说明可包括品号、号型规格、部件数、部件名称、部件表里部位、允许拼接部位等方面的内容（图1-4）。

（1）品号。即具体产品的代号。各家工厂一般都有各自的品号取法，通常情况下样板上标产品的品号而不标款名。品号只标在每档样板的一个主部件上(如前衣片、前裤片)，其他部件不再重复标出。具体标注位置可设在不与其他标记相重叠的部位。

（2）号型规格。在每档样板的主部件上均应标明服装号型和规格。如160/84A—68 x104这一代号表示身高160cm、净胸围84cm的标准体型者穿上衣长68cm、成品胸围104cm的上衣规格。通常号型标在前面，规格标在后面。

在每档样板的主部件上均应标明部件数，可用阿拉伯字母表示。标明部件数以便于排料画样前后对样板部件数量的查对和复核，标记位置应紧靠号型规格下方处排列。

（3）部件名称、片数、面（里）衬选用情况。在每档样板的各个部件上都应该标清各部件的名称、片数及面里衬选用的情况。标注位置可紧贴纱向线。

（4）允许拼接部位。为节约用料，使排料更紧密，往往在某些部位作拼接，如领里、挂面等，此时允许拼接部位作出拼接标记。

在标注文字说明中还特别规定，对于单片数的不对称部件，其文字说明一律标注在其实际部位的反面，同时还规定，排料画样时标注文字的一面应与衣料反面处于同一方向，这样可以避免由于不慎而把不对称部件左右搞错。

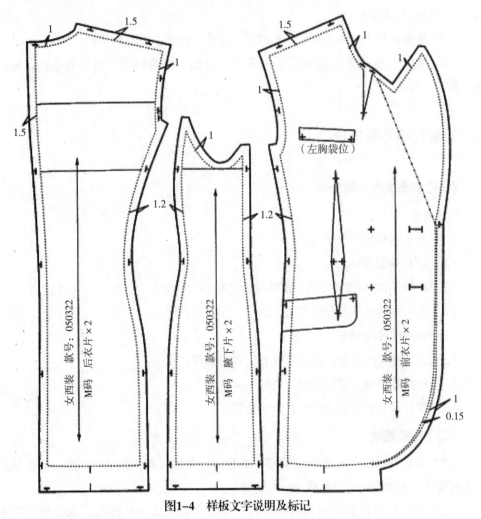

图1-4 样板文字说明及标记

二、复核范围

在服装工业纸样进行缩放前，纸样师要细心做好对基础纸样的检查工作。其要点如下：

（1）核查整套纸样的裁片是否齐全。

（2）核查纸样是毛样还是净样，缝份大小是否准确。

（3）核查纸样中的剪口是否正确。

（4）核查纸样是否有样板缩放所必需的公共线。如布纹线(经纬纱向线)、腰围线、胸围线、臀围线等。

（5）核查纸样上所需的裁剪资料。如款式编号和名称、裁片名称、尺寸号码、裁片数量、拉链长度等。

（6）核查纸样相关连接部位是否吻合。如肩缝、侧缝前后长短是否一致，领口、袖口缝合后是否圆顺等。

（7）核查纸样上的细节部位。如褶位、省位、钻孔、袋口位等。

（8）检查纸样上是否附有用料的资料。例如是否为对花、对格等布料，是否为倒、顺毛布料。

三、样板的编号和管理

（一）样板编号（图1-5）

标注内容：

（1）产品名称和有关编号。

（2）产品号型规格。

（3）样板部件名称(需标明各部件具体名称)。

（4）不对称的样板要标明左右、上下、正反等标记。

（5）丝缕的经向标志。

（6）注明相关的片数，如袋口垫布、襻带数等。

（7）对折的部位，要加以标注说明。

（8）要利用衣料光边的部件要标明边位。

（二）样板管理

（1）当完成样板的制做后，还需要认真检查、复核，避免欠缺和误差。封样后，有时要根据样衣的效果再对原样板作一定的修正。

（2）每一片样板要在适当的位置打一个直径约1.5cm的圆孔，这样便于串连和吊挂。

（3）样板应按品种、款号和号型规格,分面、里、衬等归类加以整理。

（4）如有条件，样板最好实行专人、专柜、专账、专号归档管理。

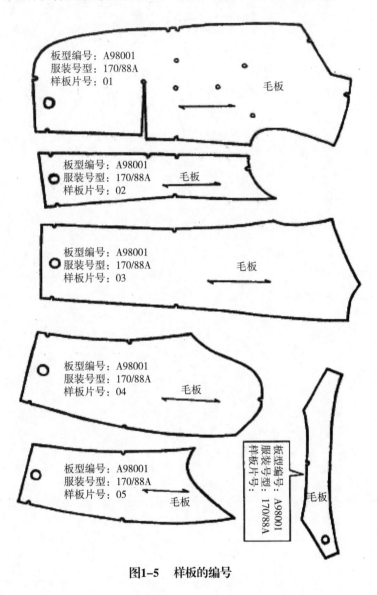

图1-5　样板的编号

课后思考及实训训练：

1. 工业制板的目的及工业纸样的分类。

2. 服装工业制板的流程。

3. 服装净板缝份如何加放。

4. 服装样板的标记及样板管理。

第二章

国家服装号型标准及
工业样板规格设计

第一节　国家服装号型标准概况

在服装工业生产的纸样设计环节中，服装规格的建立是非常重要的，它不仅对制作基础纸样不可缺少，更重要的是成衣生产需要在基础纸样上推出不同规格或号型系列的纸样。服装规格制定的优劣，在很大程度上影响着服装工业的发展和技术的交流。

我国的服装规格和标准人体的尺寸研究起步较晚，1972年后开始制订了一系列的服装标准，国家服装号型标准是在1981年制定的，1982年1月1日实施，标准代号是GB1335—1981。经过一些年的使用后，根据原纺织工业部、中国服装工业总公司、中国服装研究设计中心、中国科学院系统所、中国标准化与信息分类编码所和上海服装研究所提供的资料，我国系统的中华人民共和国国家标准《服装号型》（Standard Sizing System for Garment）由国家技术监督局于1991年7月17日发布，1992年4月1日实施，分男子、女子和儿童三种标准，它们的标准代号分别是GB 1335.1—1991、GB 1335.2—1991和GB/T 1335.3—1991，其中，"GB"是"国家标准"四字中"国标"两字汉语拼音的声母，"T"字母是"推荐使用"中"推"字汉语拼音的声母，男子和女子两种国家标准是强制执行的标准，是服装企业的产品进入内销市场的基本条件，而儿童标准是国家对服装企业的非强制使用的标准，只是企业根据自身的情况适时使用，这些发布和实施的服装国家标准基本上与国际标准接轨。到1997年，我国共制订了36个服装标准，其中有13个国家标准，12个行业标准，11个专业标准（有些企业还制订了要求更高的企业标准）。1997年11月13日，经修订并发布了《服装号型》国家标准，该标准于1998年6月1日实施，仍旧分男子、女子和儿童3种标准，它们的标准代号分别是GB/T 1335.1—1997、GB/T 1335.2—1997和GB/T 1335.3—1997，修订的男装和女装标准都已改为推荐标准，但仍然是必须采用的标准。因为，如果不使用国家标准，就应该使用相应的行业标准或企业标准，我们知道企业标准高于行业标准，而行业标准又高于国家标准。因此，服装企业应遵照国家标准的要求进行生产。

2008年12月31日，由上海市服装研究所、中国服装协会、中国标准化研究院、中国科学院系统所等主要起草单位再次修订并发布了男子、女子服装号型国家标准，该标准于2009年8月1日实施，标准代号分别是GB/T1335.1—2008《服装号型》（男子）和GB/T1335.2—2008《服装号型》（女子）；儿童服装号型国家标准则于2009年3月19日修订并发布，2010年1月1日实施，代号和名称为GB/T1335.3—2009《服装号型》（儿童）。

一、号型定义及体型分类

在新国家标准中，定义了号（Height）和型（Girth）。

号：指人体的身高，以厘米为单位表示，是设计和选购服装长短的依据。

型：指人体的净胸围与净腰围，以厘米为单位表示，是设计和选购服装围度的依据。

体型是依据人体的胸围与腰围的差数来划分，并将体型分为四类。体型分类的代号和范围见表2-1。

表2-1 体型分类表 （单位：cm）

体型分类代号	Y（健美）	A（标准）	B（稍胖）	C（肥胖）
男体胸腰围之差值	22~17	16~12	11~7	6~2
女体胸腰围之差值	24~19	18~14	13~9	8~4

二、号型标志

号型的表示方法为号与型之间用斜线分开，后接体型分类代号。

例如：上装160/84A，其中160为身高，代表号，84为胸围，代表型，A为体型分类；下装160/68A，其中160为身高，代表号，68为腰围，代表型，A为体型分类，以此类推有165/88A，170/92A。

国家标准规定服装上必须标明号型。套装中的上、下装分别标明号型。

三、号型应用

号：服装上标明的号的数值，表示该服装适用于身高与此号相同及相近的人。例如：175号适用于身高175cm±2cm即173~177cm的人。以此类推。

型：服装上标明的型的数值及体型分类代号，表示该服装适用的净胸围（上装）或净腰围（下装）尺寸，以及胸围与腰围之差数在此范围内的人。例如：男上装96B型，适用于净胸围96cm±2cm即94~98cm、胸围与腰围的差数在11~7cm之间男性体型；下装86B型，适用于腰围86cm±1cm，即85~87cm，同时胸围与腰围的差数在11~7cm之间男性体型。以此类推。

四、号型系列

号型系列：把人体的号和型进行有规则的分档排列，即为号型系列。号型系列以各中间体为中心，向两边依次递增或递减组成。各数值的意义表示成衣的基础参数（净尺寸或基本尺寸），服装规格应按此系列为基础，同时按设计要求加上放松量进行处理。

在标准中，身高以5cm分档组成号系列，男子身高从150 cm（B体、C体）、155cm、160cm、165cm、170cm、175cm、180cm、185cm到190cm，共9档；女子身高从145cm、150cm、155cm、160cm、165cm、170cm、175cm到180cm，共8档。胸围以4cm分档、腰围以4cm、2cm分档组成型系列。身高与胸围搭配组成5·4号型系列。身高与腰围搭配组成5·4系列，5·2系列。除这两种号型系列外，原1991年国家标准还包含5·3号型系列。一般来说，5·4系列和5·2系列组合使用，5·4系列常用于上装中，而5·2系列多用于下装中；而原 5·3系列可单独成一系列，既用于上装又用在下装中。这样与四种体型代号搭配，组成8个号型系列，它们是：

$$\begin{array}{llll} \dfrac{5\cdot4}{5\cdot2}Y & \dfrac{5\cdot4}{5\cdot2}A & \dfrac{5\cdot4}{5\cdot2}B & \dfrac{5\cdot4}{5\cdot2}C \\ 5\cdot3Y & 5\cdot3A & 5\cdot3B & 5\cdot3C \end{array}$$

在儿童服装号型的国家标准中，不进行体型分类，对身高（长）52~80cm婴儿，身高以7cm分档，胸围以4cm分档，腰围以3cm分档，分别组成7·4和7·3系列；对身高80~130cm的儿童，身高以10cm分档，胸围以4cm分档，腰围以3cm分档，分别组成10·4和10·3系列；对身高135~155cm的女童和135~160cm的男童，身高以5cm分档，胸围以4cm分档，腰围以3cm分档，分别组成5·4和5·3系列。

在以上标准中主要的控制部位是身高、胸围和腰围，控制部位数值（指人体主要部位的数值，系净体尺寸）作为设计服装规格的依据。但在服装设计生产中仅有这三个尺寸是不够的，所以，在男子和女子标准中还有其他的控制部位数值，它们是颈椎点高、坐姿颈椎点高、全臂长、腰围高、颈围、总肩宽和臀围7个控制部位；在儿童标准中，另外的控制部位尺寸是坐姿颈椎点高、全臂长、腰围高、颈围、总肩宽和臀围。而三个主要控制部位则分别对应其他的控制部位尺寸，其中，身高对应的高度部位是颈椎点高、坐姿颈椎点高、全臂长和腰围高；胸围对应的围（宽）度部位是颈围和总肩宽；腰围对应的围度部位是臀围。国家标准中男子、女子和儿童的各个部位，其测量方法和测量示意图可查阅《GB/T16160-2008服装用人体测量的部位与方法》。

中间体：根据大量实测的人体数据，通过计算，求出均值，即为中间体。它反映了我国男女成人各类体型的身高、胸围、腰围等部位的平均水平，具有一定的代表性。男体中间体设置为170/88Y、170/88A、170/92B、170/96C；女子中间体设置为160/84Y、160/84A、160/88B、160/88C。

五、号型系列设计的意义

国家新的服装号型标准的颁布，给服装规格设计特别是成衣生产的规格设计，提供了可靠的依据。但服装号型并不是现成的服装成品尺寸。服装号型提供的均是人体尺寸，成衣规格设计的任务，就是以服装号型为依据，根据服装款式、体型等因素，加放不同的放松量，制订出服装规格。

在进行成衣规格设计时，由于成衣是一种商品，它和量体裁衣完全是两种概念。个别或部分人的体型和规格要求，都不能作为成衣规格设计的依据，而只能作为一种信息和参考，必须依据具体产品的款式和风格等特点要求进行相应的规格设计。

对于服装企业来说，必须根据选定的号型系列编出主品的规格系列表，这是对正规化生产的一种基本要求。

当我们到商场去购买男衬衫时，会发现衬衫领座后中有类似这样的尺寸标，如170/88A 39。这组数值的含义是指，该产品适合净身高范围为168~172cm，净胸围范围为86~89cm，体型是A（即胸腰围之差在16~12cm）的人，其成衣的领大尺寸是39cm。对于购买者来说，只要知道自己的身高、胸围、体型和领大，就可以依此购买衬衫。而对于设计该衬衫的生产厂家，则可根据服装标准，首先确定号型，即身高、胸围和体型，然后利用5·4、5·2A中提供的坐姿颈椎点高、全臂长、颈围和总肩宽4个部位的尺寸，以净胸围为核心加上设计的放松量成为衬衫的成品尺寸（它们对应的服装术语是衣长、袖长、领大、肩宽和胸围）。当确定了衬衫的这些主要控制部位的尺寸后，它的成品规格也就有了，再结合一些小部位规格尺寸，衬衫的纸样就可以绘制完成。

国家服装号型标准只是基本上与国际标准相接轨，通过与美国、日本和英国的服装规格相比，发现我国的标准中没有背长、股上长和股下长3个尺寸，而与之基本对应的是坐姿颈椎点高和腰围高两个尺寸。从科学角度进行比较，背长只是坐姿颈椎点高的一部分，对于不同的人体，如果有同样长度的坐姿颈椎点高，而背长不可能完全一样，会造成在纸样的结构造型中，腰围线产生高低之分，制作的纸样就会有区别，尤其在缝制合体的服装时，效果会相差很大。同样，腰围高包括股上长和股下长两部分，有同样的腰围高的人，其股上长会有很大的差异，而股上长是设计下装立裆深尺寸的考虑参数，对合体裤子的设计来说很重要。由此可见，国家标准中坐姿颈椎点高和腰围高两个部位尺寸的设计和采用就显得欠科学，还需要有其他相关的部位尺寸。

在男子和女子服装号型国家标准中，还列出了各体型在总量中的比例和服装号型的覆盖率以及各大地区各体型的比例和服装号型覆盖率。这些地区是东北华北地区、中西部地区、长江下游地区、长江中游地区、广东广西福建地区和云贵川地区；儿童标准中只分北方地区和南方地区不同年龄号型的覆盖率。这些覆盖率的提出对内销厂商组织生产和销售有着一定的指导作用。

第二节　国家服装号型标准内容

国家服装号型标准中内容很多，下面就典型的号型系列表进行分析。如表2-2、表2-3所示，两表的体型都是Y，在男子号型系列表中，如果取胸围88cm，则其对应的腰围尺寸是68cm和70cm，胸围减腰围的差数是20cm和18cm，这两个数值在17~22cm之间，属于Y体型；同理，在女子号型系列表中，22cm和20cm，属于Y体型。在这两个表中，男子身高从155cm到190cm，胸围从76cm到104cm，各分成8档；女子身高从145cm到180cm，胸围从72cm到100cm，也各分为8档；它们的身高相邻两档之差是5cm，相邻两档的胸围差数则是4cm，两数搭配成为5·4系列。在两个表中，同一个身高和同一个胸围对应的腰围有两个数值（空格除外），两者之差为2cm，它与身高差数5cm搭配构成上一节中提到的5·2系列，就是说，一个身高一个胸围对应有两个腰围，也可以这样认为，一件上衣有两条不同腰围的下装与之对应，从而拓宽了号型系列，满足了更多人的穿着需求。

表2-2　男子5·4、5·2Y号型系列表　　　　（单位：cm）

胸围＼身高腰围	Y													
	155		160		165		170		175		180		185	
76			56	58	56	58	56	58						
80	60	62	60	62	60	62	60	62	60	62				
84	64	66	64	66	64	66	64	66	64	66	64	66		
88	68	70	68	70	68	70	68	70	68	70	68	70	68	70
92			72	74	72	74	72	74	72	74	72	74	72	74
96					76	78	76	78	76	78	76	78	76	78
100							80	82	80	82	80	82	80	82

表2-3　女子5·4、5·2Y号型系列表　　　　　　　　　　（单位：cm）

胸围 \ 腰围 \ 身高	145		150		155		160		165		170		175	
	Y													
72	50	52	50	52	50	52	50	52						
76	54	56	54	56	54	56	54	56	54	56				
80	58	60	58	60	58	60	58	60	58	60	58	60		
84	62	64	62	64	62	64	62	64	62	64	62	64	62	64
88	66	68	66	68	66	68	66	68	66	68	66	68	66	68
92			70	72	70	72	70	72	70	72	70	72	70	72
96			74	76	74	76	74	76	74	76	74	76	74	76

　　表2-4是男子号型系列A体型分档数值表，表2-5是女子号型系列B体型分档数值表，两表中采用的人体部位有身高、颈椎点高、坐姿颈椎点高、全臂长、腰围高、胸围、颈围、总肩宽、腰围和臀围。不论男子和女子的身高如何分档，男子的中间体在标准中使用的是170cm，女子则采用160cm，表中的计算数是指经过数理统计后得到的数值，采用数是服装专家们在计算数的基础上进行合理地处理得到的数值，它在内销服装生产过程中制定规格尺寸表时有着很重要的作用。

表2-4　男子号型系列A体型分档数值表　　　　　　　　　（单位：cm）

体型 \ 部位	A								身高、胸围、胸围每增减1cm	
	中间体		5·4系列		5·3系列		5·2系列			
	计算数	采用数	计算数	采用数	计算数	采用数	计算数	采用数	计算数	采用数
身高	170	170	5	5	5	5	5	5	1	1
颈椎点高	145.1	145.0	4.50	4.00	4.50	4.00			0.90	0.80
坐姿颈椎点高	66.3	66.5	1.86	2.00	1.86	2.00			0.37	0.40
全臂长	55.3	55.5	1.71	1.50	1.71	1.50			0.34	0.30
腰围高	102.3	102.5	3.11	3.00	3.11	3.00	3.11	3.00	0.62	0.60
胸围	88	88	4	4	3	3			1	1
颈围	37.0	36.8	0.98	1.00	0.74	0.75			0.25	0.25
总肩宽	43.7	43.6	1.11	1.20	0.86	0.90			0.29	0.30
腰围	74.1	74.0	4	4	3	3	2	2	1	1
臀围	90.1	90.0	2.91	3.20	2.18	2.40	1.46	1.60	0.73	0.80

表2–5　女子号型系列B体型分档数值表　　　　　　　（单位：cm）

体型	A									
部位	中间体		5·4系列		5·3系列		5·2系列		身高、胸围、胸围每增减1cm	
	计算数	采用数	计算数	采用数	计算数	采用数	计算数	采用数	计算数	采用数
身高	160	160	5	5	5	5	5	5	1	1
颈椎点高	136.3	136.5	4.57	4.00	4.57	4.00			0.92	0.80
坐姿颈椎点高	63.2	63.0	1.81	2.00	1.81	2.00			0.36	0.40
全臂长	50.5	50.5	1.68	1.50	1.68	1.50			0.34	0.30
腰围高	98.0	98.0	3.34	3.00	3.34	3.00	3.34	3.00	0.67	0.60
胸围	88	88	4	4	3	3			1	1
颈围	34.7	34.6	0.81	0.80	0.61	0.60			0.20	0.20
总肩宽	40.3	39.8	0.69	1.00	0.52	0.75			0.17	0.25
腰围	76.6	78.0	4	4	3	3	2	2	1	1
臀围	94.8	96.0	3.27	3.20	2.45	2.40	1.64	1.60	0.82	0.80

以男子分档数值表中的坐姿颈椎点高进行分析：当中间体的计算数为66.3cm时，为了便于在实际工作中数据的处理，采用数为66.5cm；在对应的5·4系列和5·3系列两栏中，由于身高对应的高度部位中有坐姿颈椎点高，所以，它只与身高有关而与围度的变化无关，因此，身高变化5cm，坐姿颈椎点高的变化量实际计算数都是1.86cm，而采用数则是2.00cm；至于对应的5·2系列一栏中却是空白，这是因为5·2系列常用在下装中，而与坐姿颈椎点高没有关系，所以该栏不能填写；最后一栏的计算数是0.37cm，采用数也是0.40cm，它的含义是，当身高变化5cm时，坐姿颈椎点高的变化量计算数是1.86cm，采用数是2.00cm，那么，身高变化1cm，两格中的数值就是表中的0.37cm和0.40cm。表2–4中的其他数据和表2–5中的所有数据都可以这样分析。

集中表2–4、表2–5中5·4系列、5·3系列和5·2系列三栏中各部位的分档采用数，颈椎点高为4.00cm，坐姿颈椎点高为2.00cm，全臂长为1.50cm，腰围高为3.00cm，胸围为 4cm、3cm，颈围为1.00cm、0.75cm和0.80cm、0.60cm，总肩宽为1.20cm、0.90cm和1.00cm、0.75cm，腰围为4cm、3cm和2cm，臀围为3.20cm、2.40cm和1.60cm，如果下装只使用5·3系列和5·2系列，那么，腰围则用3cm和2cm，臀围用2.40cm和1.60cm，这些数据就是我们在制定规格尺寸表时要用的。

表2-6　男女其他体型分档数值表

（单位：cm）

体型	男子						女子					
	Y		B		C		Y		B		C	
部位	中间体	5·4系列	中间体	5·4系列	中间体	5·4系列	中间体	5·4系列	中间体	5·4系列	中间体	5·4系列
身高	170	5	170	5	170	5	160	5	160	5	160	5
颈椎点高	145.0	4.00	145.50	4.00	146.00	4.00	136.00	4.00	136.00	4.00	136.50	4.00
坐姿颈椎点高	66.50	2.00	67.00	2.00	67.50	2.00	62.50	2.00	62.50	2.00	62.50	2.00
全臂长	55.50	1.50	55.50	1.50	55.50	1.50	50.50	1.50	50.50	1.50	50.50	1.50
腰围高	103.00	3.00	102.00	3.00	102.00	3.00	98.00	3.00	98.00	3.00	98.00	3.00
胸围	88	4	92	4	96	4	84	4	84	4	88	4
颈围	36.40	1.00	38.20	1.00	39.60	1.00	33.40	0.80	33.60	0.80	34.80	0.80
总肩宽	44.00	1.20	44.40	1.20	45.20	1.20	40.00	1.00	39.40	1.00	39.20	1.00
腰围	70	4	84	4	92	4	64	4	68	4	82	4
臀围	90	3.20	95	2.80	97	2.80	90	3.60	90	3.60	96	3.20

表2-7 男子5·4、5·2A号型系列控制部位数值表

（单位：cm）

数值（身高系列）

部位							
身高	155	160	165	170	175	180	185
颈椎点高	133.0	137.0	141.0	145.0	149.0	153.0	157.0
坐姿颈椎点高	60.5	62.5	64.5	66.5	68.5	70.5	72.5
全臂长	51.0	52.5	54.0	55.5	57.0	58.5	60.0
腰围高	93.5	96.5	99.5	102.5	105.5	108.5	111.5

数值（胸围系列）

部位								
胸围	72	76	80	84	88	92	96	100
颈围	32.8	33.8	34.8	35.8	36.8	37.8	38.8	39.8
总肩宽	38.8	40.0	41.2	42.4	43.6	44.8	46.0	47.2

数值（腰围、臀围系列）

部位																								
腰围	56	58	60	60	62	64	64	66	68	68	70	72	72	74	76	76	78	80	80	82	84	84	86	88
臀围	75.6	77.2	78.8	78.8	80.4	82.0	82.0	83.6	85.2	85.2	86.8	88.4	88.4	90.0	91.6	91.6	93.2	94.8	94.8	96.4	98.0	98.0	99.6	101.2

表2-8　女子5·4、5·2A号型系列控制部位数值表

部位	数值						
身高	145	150	155	160	165	170	175
颈椎点高	124.0	128.0	132.0	136.0	140.0	144.0	148.0
坐姿颈椎点高	56.5	58.5	60.5	62.5	64.5	66.5	68.5
全臂长	46.0	47.5	49.0	50.5	52.0	53.5	55.0
腰围高	89.0	92.0	95.0	98.0	101.0	104.0	107.0
胸围	72	76	80	84	88	92	96
颈围	31.2	32.0	32.8	33.6	34.4	35.2	36.0
总肩宽	36.4	37.4	38.4	39.4	40.4	41.4	42.4

部位	数值																				
腰围	54	56	58	58	60	62	62	64	66	66	68	70	70	72	74	74	76	78	78	80	82
臀围	77.4	79.2	81.0	81.0	82.8	84.6	84.6	86.4	88.2	88.2	90.0	91.8	91.8	93.6	95.4	95.4	97.2	99.0	99.0	100.8	102.6

表2-6是男女Y、B〔A〕和C体型的中间体数据和5·4系列分档数据的采用数，在男子体型栏中，Y、B和C三种体型和A体型的中间体都是170cm，在长度方向，Y体型的数据与A体型相同，而与B、C体型相比，颈椎点高变化0.5cm，坐姿颈椎点高也变化0.5cm，全臂长没有变化，腰围高略有差异；在围度方向，Y体型的胸围与A体型一样都是88cm，而B体型则是92cm，C体型是96cm，由于胸围的改变，导致颈围、总肩宽、腰围和臀围也相应变化；对于5·4系列一栏中的采用数，通过与表2-4中A体型5·4系列中的分档采用数相比，绝大部分相同，只有臀围略有差异。在女子体型栏中，Y、A和C三种体型和B体型的中间体虽然都是160cm，但长度方向的采用数已经有些不同，在围度方向，Y和A体型的胸围都是84cm，B和C体型的胸围则都是88cm，其他部位的数据不仅仅是胸围不同，即使是相同的胸围，数据也不相同；对于5·4系列一栏中的分档采用数，通过与表2-5中B体型5·4系列中的分档采用数相比，绝大部分相同，与男子体型一样，只有臀围的采用数有区别。

男子的4种体型对应的中间体是170/88Y、170/88A、170/92B和170/96C，女子的4种体型对应的中间体是160/84Y、160/84A、160/88B和160/88C。

表2-7和表2-8分别是男子和女子5·4、5·2A号型系列控制部位数值表，从中看各部位相邻两列间的差数：颈椎点高为4.0cm、坐姿颈椎点高为2.0cm、全臂长为1.5cm、腰围高为3.0cm、胸围为4.0cm、颈围为1.0cm和0.8cm、总肩宽为1.2cm和1.0cm、腰围为2cm、臀围为1.6cm和1.8cm，这些差数与表2-4和表2-5的采用数相比，大多数都一样，只是表2-5中臀围的采用数是1.60cm，而表2-8中的臀围差数却是1.80cm，这是因体型的不同而略有不同。 表2-7中的身高和胸围并不是一一对应而是有交叉的，单从该表看，如果依据国家标准组织内销服装的生产，在制订服装规格表时，不应仅只生产170/88A规格的上装，还要适当生产一些170/84A规格的上装，别的规格也是这样；而对于表2-8却是一一对应，单从该表看，在组织生产时，可以只考虑一个身高对应于一个胸围。在生产下装时，如男子身高为170cm，可以生产的下装规格有170/70A、170/72A、170/74A和170/76A；女子身高为160cm，生产的下装规格可以是160/66A、160/68A和160/70A。如果组织生产套装，男子身高仍为170cm，则有170/84A|170/70A、170/84A|170/72A、170/88A|170/72A、170/88A|170/74A、170/88A|170/76A五种规格；女子身高为160cm，则有160/84A|160/66A、160/84A|160/68A和160/84A|160/70A三种规格。如果要进行综合的分析，对同一身高，在组织生产时，还不能简单地只生产上述提到的几种规格。

表2-9和表2-10分别是1991年国家标准中男子和女子5·3A号型系列控制部位数值表，与表2-7和表2-8相比，在高度方向对应的5个部位相邻两列的差数一样，分别为5cm、4cm、2cm、1.5cm和3cm；在围度方向，5·3A号型系列的胸围和腰围都

为3cm，而是男子和女子的颈围、总肩宽和臀围略有不同；与表2-7一样，表2-9和表2-10的身高和胸围并不是一一对应，也是有交叉的，只不过5·3系列没有5·4、5·2系列那样复杂，换句话说，5·3系列没有5·4、5·2系列的覆盖面大。在组织服装生产时，5·3系列的规格制订就少些。男子同样以身高170cm为例，套装的规格有170/84A|170/70A和170/87A|170/73A两种；女子也以身高160cm为例，套装的规格可以是160/81A|160/65A、160/84A|160/68A和160/87A|160/71A三种。

表2-9　1991年国家标准男子5·3A号型系列控制部位数值表　（单位：cm）

部位	数　　值									
身高	155		160		165	170		175	180		185
颈椎点高	133.0		137.0		141.0	145.0		149.0	153.0		157.0
坐姿颈椎点高	60.5		62.5		64.5	66.5		68.5	70.5		72.5
全臂长	51.0		52.5		54.0	55.5		57.0	58.5		60.0
腰围高	93.5		96.5		99.5	102.5		105.5	108.5		111.5
胸围	72	75	78	81	84	87	90	93	96	99
颈围	32.85	33.60	34.35	35.10	35.85	36.60	37.35	38.10	38.85	39.60
总肩宽	38.9	39.8	40.7	41.6	42.5	43.4	44.3	45.2	46.1	47.0
腰围	58	61	64	67	70	73	76	79	82	85
臀围	77.2	79.6	82.0	84.4	86.8	89.2	91.6	94.0	96.4	98.8

表2-10　1991年国家标准女子5·3A号型系列控制部位数值表　（单位：cm）

部位	数　　值									
身高	145		150		155	160		165	170		175
颈椎点高	124.0		128.0		132.0	136.0		140.0	144.0		148.0
坐姿颈椎点高	56.5		58.5		60.5	62.5		64.5	66.5		68.5
全臂长	46.0		47.5		49.0	50.5		52.0	53.5		55.0
腰围高	89.0		92.0		95.0	98.0		101.0	104.0		107.0
胸围	72	75	78	81	84	87	90	93	96	
颈围	31.2	31.8	32.4	33.0	33.6	34.2	34.8	35.4	36.0	
总肩宽	36.40	37.15	37.90	38.65	39.40	40.15	40.90	41.65	42.40	
腰围	56	59	62	65	68	71	74	77	80	
臀围	79.2	81.9	84.6	87.3	90.0	92.7	95.4	98.1	100.8	

从所有的5·4、5·2号型系列控制部位数值表中可看出，国家标准很好地解决了服装上、下装配套的问题，以男子胸围88cm为例，可以使用的腰围有68、70、72、74、76、78、80、82、84，其中68和70是Y体，72、74和76是A体，78和80是B体，82和84是C体，即同一胸围的上装有不同腰围的裤子来搭配不同的体型。表2-11列出了传统的男女西服套装在人体基本参数（净尺寸）的基础上关键部位应加放的松量，仅供参考，如袖长的放量在全臂长的基础上加3.5cm，但根据西服穿着的规范来讲，此数有些偏大；裤长中的+2-2是指在腰围高的基础上加上腰宽的2cm（腰头宽假设为4cm）再减去裤口距脚底的2cm，换句话说，可以直接采用腰围高来计算裤子的长度。

表2-11　男女传统西服套装关键部位的加放量　　　　　（单位：cm）

性别＼加放部位	衣长	胸围	袖长	总肩宽	裤长	腰围	臀围
男子	−0.5	+18	+3.5	+1	+2−2	+2	+10
女子	−5	+16	+3.5	+1	+2−2	+2	+10

① 衣长的服装尺寸：颈椎点高/2。
② 如果上装中列有臀围尺寸，此时的松量在10cm的基础上再多加3~7cm。

表2-12　男子各体型人体在总量中的比例　　　　　（单位：cm）

体型	Y	A	B	C
比例（%）	20.98	39.21	28.65	7.92

表2-13　女子各体型人体在总量中的比例　　　　　（单位：cm）

体型	Y	A	B	C
比例（%）	14.82	44.13	33.72	6.45

表2-12和表2-13是男女各体型在总量中的覆盖率，A体型在各自的覆盖率中所占比例最大，而C体型所占比例最小；但把男子各体型的覆盖率相加为96.76%，女子各体型的覆盖率相加为99.12%，这说明除这4种体型之外，还有其他特殊的体型，国家标准中没有列出。仅仅从数据上比较，女子的体型分类比男子的更合理，覆盖面更广。

二、1991年、1997年和2008年《服装号型》国家标准比较

在1997年11月13日发布，1998年6月1日实施的《服装号型》国家标准对1992年实

施的《服装号型》国家标准进行了修订和补充，以保持其先进性、合理性和科学性。而2008年发布的国家《服装号型》国家标准又在1997年标准的基础上进一步完善，比较这三部标准，发现它们在很大程度上是相同的，下面就内容的不同之处进行说明：

（1）取消了5·3号型系列。经过一些年的应用，从服装实际生产的过程看，号型系列制定得越细、越复杂，就越不利于企业的生产操作和质量管理，而从国际标准的技术文件看，胸围的档差为4cm，与我国的5·4系列一致，又为了满足腰围档差不宜过大的要求，将5·4系列按半档排列，组成5·2系列，保证了上、下装的配套，因此，在后两次的修订中，取消了5·3系列，只保留了5·4系列和5·2系列。但并不是说5·3系列就不存在，它仍然有效，企业可根据自身的特点制订比国家标准更高要求的企业标准。

（2）取消了人体各部位的测量方法及测量示意图，但在文字上仍保留了。由于人体各部位的测量方法及测量示意图在国家标准GB/T16160—1996《服装人体测量部位与方法》（1996年1月4日发布，1996年7月1日实施）2008年又再次修订，标准代号GB/T16160—2008）中有叙述，因此，《服装号型》国家标准修订本中没有列出。

（3）补充了婴幼儿号型部分，使儿童号型尺寸系列得以完整。1991年发布的儿童服装号型国家标准部分只有2~12年龄段儿童的号型，为了完善号型体系，增加了婴幼儿号型部分，即身高52~80cm的婴儿。这样，儿童服装号型把身高就分成三段，其中儿童的身高范围是80~130cm，男童的身高范围是 135~160cm，女童的身高范围与男童稍有差异，是135~155cm。

（4）修订中参考国外先进标准。标准在修订过程中参考了国际标准技术文件ISO/TR10652《服装标准尺寸系统》、日本工业标准JISL4004《成人男子服装尺寸》、日本工业标准JISL4005《成人女子服装尺寸》等国外先进标准。

（5）规范引用，范围微调。2008年发布的《服装号型》国家标准对标准的英文名称进行了修改，对相关术语进行了英文标注。同时，对身高的范围进行了扩展，四种体型都增加了190cm的身高档，B体和C体则向下补充了150cm的身高档；在胸围方面，对Y体和A体增加了104cm档，对B体增加了112cm档，对C体增加了116cm档，其内容也相应进行了丰富。

第三节　号型应用

一、号型的表达方式

（一）表达的元素性质

号型元素性质有人体基本部位尺寸、服装基本部位尺寸、代号三类。其中人体基本部位尺寸有长度部位（h）、围度部位（B*、W*、H*）、体型组别（B*－W*、H*－B*）等。服装基本部位尺寸有上装的衣长（L）、前衣长（FL）、胸围（B）等。代号分数字和字母两类，数字分整数和分数，一般14以前的整数用于童装规格，表示适穿者的年龄，14以后的整数和分数表示成人服装规格；字母常用XS（特小）、S（小）、M（中）、ML（较大）、L（大）、XL（特大）、XXL（特特大）表示服装规格自小而大的排列。

（二）表达号型的元素个数

表达号型的元素个数可分一元、二元、多元等，其中一元常选择所有元素中最本质的一类，如毛衣号型表达用的一元元素是衣服胸围（B）；二元常为人体长度部位与人体围度部位尺寸；多元常为人体长度部位与人体围度部位及体型组别分类。

（三）国内外表示号型的方法

目前国内外服装号型的表示形式大体为：

男式立领衬衫——一元、领围（N）

针、编织内衣——一元、胸围（B）

工作衣——一元、胸围（B）

文胸——二元、人体下胸围、净胸围与下胸围之差表示的组别

日本外衣——二元或三元、人体基本部位（身高、净胸围/净腰围或体型组别）

欧美外衣——一元、代号制

我国外衣——三元、人体基本部位（身高、净胸围/净腰围、体型组别）

所有的服装都可以用代号来表示，即代号制，代号制亦可与其他号型表示方法并用。

二、号型应用

号型应用时应注意以下几方面：

（1）必须从标准规定的各系列中选用适合本地区的号型系列。

（2）无论选用哪个系列，必须考虑每个号型适应本地区的人口比例和市场需求情况，相应地安排生产数量。各体型人体的比例、分体型、分地区的号型覆盖率可参考国家标准，同时也应生产一定比例的两头号型，以满足各部分人的穿着需求。

（3）标准中规定的号型不够用时，也可适当扩大号型设置范围。扩大号型范围时，应按各系列所规定的分档数和系列数进行。

（四）号型的配置

（1）号和型同步配置

配置形式为：160/80、165/84、170/88、175/92、180/96。

（2）一号和多型配置

配置形式为：170/84、170/88、170/92、170/96。

（3）多号和一型配置

配置形式为：160/88、165/88、170/88、175/88、180/88。

第四节 其他国家服装号型简介

一、日本

（1）日本服装号型表示方法与我国方法相似，由胸围代号、体型代号、身高代号三部分组成。如：9Y2的女装。

（2）胸围代号（表2-14）

表2-14 日本服装胸围代号表

代号	3	5	7	9	11	13	15	17	19	21
胸围	73	76	79	82	85	88	91	94	97	100

（3）体型类别代号

① 日本女装体型分类（表2-15、表2-16）

表2-15 日本女装体型分类表

代号	A	Y	AB	B
类别	小姐型	少女型	少妇型	妇女型
体型特征	一般体型	较瘦高体型	稍胖体型	胖体型
臀腰围特征	腰臀比例匀称	比A型臀围少2cm，腰围相同	比A型臀围大2cm，腰围大3cm	比A型臀围大4cm，腰围大6cm

表2-16 日本成年女子身高胸围分布情况表

身高/cm	胸围/cm					合计（%）
	73~79	79~85	85~92	92~100	100~108	
148	6.78	11.81	10.8			29.39
156	10.0	17.93	14.28	5.03	0.18	47.42
164	1.78	3.81	3.01			8.6
合计（%）	18.56	33.55	28.09	5.03	0.18	

② 日本男装体型分类（表2-17）

表2-17 日本男装体型分类表

代号	Y	YA	A	AB	B	BE	E
体型特征	瘦体型	较瘦体	普通型	稍胖型	胖体型	肥胖体	特胖体
胸腰围差	16	14	12	10	8	4	0

（4）日本服装身高代号（表2-18）

表2-18　日本服装身高代号表

代号	0	1	2	3	4	5	6	7	8
身高	145	150	155	160	165	170	175	180	185

　　如：9Y2的女装，对应的是胸围82cm，较瘦高体型（少女型），身高155cm的女性的服装。相当于我国155/84A女装。

　　92A5男装号型，表示适用于胸围92cm，身高170cm，普通体型男子。与我国170/92A男装号型对应。

　　（5）日本其他服装表示方法

　　① 特殊部位加上体型

　　如：男衬衫，领围加体型，41AB，38Y等。

　　② 文化式女装规格系列表（表2-19）

表2-19　文化式女装规格系列表

（单位：cm）

	S	M	ML	L	LL
胸围	76	82	88	94	100
腰围	58	62	66	72	80
臀围	86	90	94	98	102
身高	150	155	158	160	162

二、美国服装号型

　　美国体型分类及服装号型系列见表2-20、表2-21。

表2-20　美国体型分类及服装号型系列表

体型分类	号型系列
女青年	6、8、10、12、14、16、18、20
瘦型女青年	6mp、8mp、10mp、12mp、14mp、16mp
少女	5、7、9、111、13、15、17
瘦型少女	3ip、5ip、7ip、9ip、11ip、13ip
成熟女青年	10.5、12.5、14.5、16.5、18.5、20.5、22.5
妇女	34、36、38、40、42、44

表2-21　美国女装号型系列表 （单位：cm）

分类	号型	胸围	腰围	臀围	身高
女青年	12	82.5	64.7	87.6	165
	14	85	68.6	91.4	165.7
	16	88.9	72.4	95.2	166.3
	18	92.7	76.2	99.0	167
	20	96.5	80.1	100.3	167.6
成熟女青年	14.5	91.4	73.7	93.9	157
	16.5	96.5	78.8	99.0	157
	18.5	101.6	83.9	104.1	157
	20.5	106.6	88.9	109.2	157
	22.5	111.7	94.0	114.3	157
妇女	36	95.2	75.0	99.0	169
	38	100.3	80.1	104.1	169
	40	105.4	85.1	109.2	169
	42	110.4	90.2	114.3	169
	44	115.6	95.3	119.4	169
少女	9	78.7	61.0	82.5	152
	11	81.2	63.5	85.1	155
	13	85.0	66.7	88.2	157
	15	88.9	69.9	91.4	160
	17	92.7	73.7	95.2	164

第五节 ISO号型标准简介

一、ISO女子号型标准

1. 身高分档：160、168、176三档。

2. 体型分类如下：

体型分类	臀胸落差
A	>9
M	4~8
H	<3

二、ISO男子号型标准

1. 身高分档：164、170、176、182、188五档。

2. 体型分类如下：

体型	胸腰落差
A	16
R	12
P	6
S	0
C	−6

第六节　各个国家服装号型对应关系

一、男装号型对应关系

国别	规格	规格对应关系							
英美地区	号			S			M		L
	胸围		88	91	94	97	100	103	106	109
	身高	170--180							
中国	号	S	M			L			XL
	号型	165/84A	170/88A、170/92A			175/96A、175/100A、180/102A			185/106A
日本	号	S	M			L			XL
	号型	86Y3	88Y4，90Y5，92Y6，94Y7，88YA4，90YA5，94YA5，94A4，92AB4			96Y8，96YA7，96A6，96A7，96AB5，96BE4，98E4，100E5，102B7			104BE8，104E7

二、女装号型对应关系

欧美女装同等号型，比亚洲女装身高和胸围大10cm。

国别	中间号型	规格对应关系	
		胸围	身高
中国	160/88A	88	160
日本	9Y2	82	155
英国	16	97	165

课后思考：

1. 号、型的概念及我国服装号型标准的特点。

2. 体型分类代号的范围及意义。

3. 号型的标注及含义。

4. 号型系列的概念及组成。

5. 号型规格的应用。

6. 日本、美国等其他国家的号型标注特点。

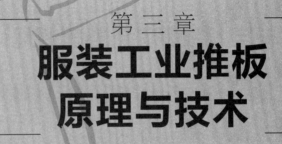

第三章
服装工业推板
原理与技术

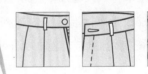

现代服装工业化大生产要求同一种款式的服装要有多种规格，以满足不同体型消费者的需求，这就要求服装企业要按照国家或国际技术标准制定产品的规格系列及全套的或部分的裁剪样板。

服装工业推板是工业制板的一部分，这种以标准样板为基准，兼顾各个号型，进行科学的计算、缩放、制定出系列号型样板的方法叫做服装推板，简称推板或服装放码，又称服装纸样放缩、推档或扩号。

采用推板技术不但能很好地把握各规格或号型系列变化的规律，使款型结构一致，而且有利于提高制板的速度和质量，使生产和质量管理更科学、更规范、更容易控制。推板是一项技术性、实践性很强的工作，是计算和经验的结合。在工作中要求细致、合理，质量上要求绘图和制板都应准确无误。

第一节　服装工业推板原理

通常，同一种款式的服装有几个规格，这些规格都可以通过制板的方式实现，但单独绘制每一个规格的纸样将造成服装结构的不一致，如牛仔裤前弯袋的这条曲线，如果不借助于其他工具，曲线的造型或多或少会有差异；另外，在绘制过程中，由于要反复计算，出错的概率将大大增加。然而，采用推板技术缩放出的几个规格就不易出现差错，因为号型系列推板是以标准纸样为基准，兼顾了各个规格或号型系列关系，通过科学的计算而绘制出系列裁剪纸样，这种方法可保证系列规格纸样的相似性、比例性和准确性。

一、服装工业推板的方法

目前，服装工业纸样推板通常有两种方法。

（一）推拉摆剪法

推拉摆剪法又称推剪法，一般是先绘制出小规格标准基本纸样，再把需要推板的规格或号型系列纸样，依此剪成各规格近似纸样的轮廓，然后将全系列规格纸样大规格在下、小规格（标准纸样）在上，按照各部位规格差数逐边、逐段地推剪出需要的规格系列纸样。这种方法速度快，适于款型变化快的小批量、多品种的纸样推板，由于需要熟练度较高的技艺，又比较原始，已不多用。

（二）推画制图法

推画制图法又称嵌套式制板法，是伴随着数学及技术的普及而发展起来的，是在标准纸样的基础上，根据数学相似形原理和坐标平移的原理，按照各规格和号型系列之间的差数，将全套纸样画在一张样板纸上，再依此拓画并复制出各规格或号型系列纸样。随着推板技术的发展，推画制图法又分"档差法"、"等分法"和"射线法"等。

服装工业推板一般使用的是毛缝纸样（也可以使用净纸样）。本书介绍的推板方法是目前企业常用的档差推画制图法，这种方法又有两种方式：（1）以标准纸样作为基准，把其余几个规格在同一张纸板上推放出，然后再一个一个地使用滚轮器复制出，最后再校对；（2）以标准纸样作为基准，先推放出相邻的一个规格，剪下并与标准纸样核对，在完全正确的情况下，再以该纸样为基准，放出更大一号的规格，依此类推。对于缩小的规格，采用的方法与放大的过程一样。

二、服装工业推板的基本原理

服装号型、规格系列推板，运用了数学中相似形原理、坐标等差平移原理和任意图形在投影射线中的相似变换原理，图3-1是任意图形投影射线相似变换原理示意图。

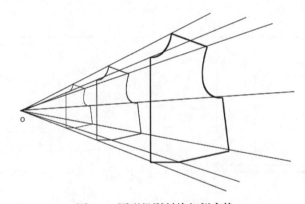

图3-1　图形投影射线相似变换

图3-2的四边形ABCD 为M档样板，放大后样板为$A_1B_1C_1D_1$和 $A_2B_2C_2D_2$，O 点为焦点，$AA_1= A_1A_2=BB_1=B_1B_2=\cdots=DD_1=D_1D_2=\Delta y=$档差，三者为相似四边形样板的缩放。

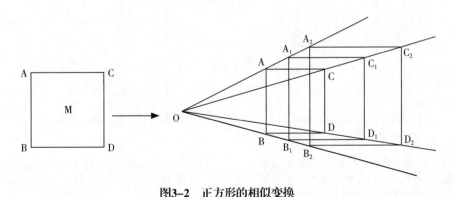

图3-2　正方形的相似变换

服装样板推放、绘制出的成套号型规格系列样板，必须具备三个几何特征，即相似性、平行性和规格档差一致性。

（1）同一品种、款型、体型的全套号型规格系列样板，无论大小，都必须保持廓型相似，即相似性。

（2）全套号型规格系列样板的各个相同部位的直线、曲线、弧线都必须保持平行，即平行性。

（3）全套号型规格系列样板，由小到大或由大到小依次排列，各相同部位的线条间距必须保持相等的规格档差和结构部位档差，即一致性。

三、服装工业推板共用基准线的定位原理和方法

由于服装样板的品种、款型结构和推板的方法不同，各种衣片样板推画基准中心点和共用基准线也有多种不同的选位定位方法（图3-3~图3-8）。

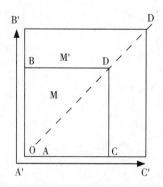

图3-3　基准点O在左下角，基准线为AB和IAC，分别向上向右单方向推板

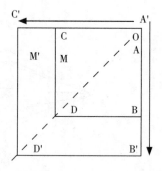

图3-4　基准点O在右上角，基准线为AB和IAC，分别向下向左单方向推板

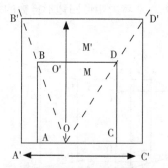

图3-5　基准点O定在AB线的边上偏左处，基准线为过O的垂直线和IAC，分别向上向左、右双方向推板

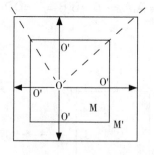

图3-6　基准点O定在图的内部，基准线为过O的垂直线和水平线，分别向上、下、左、右方向推板

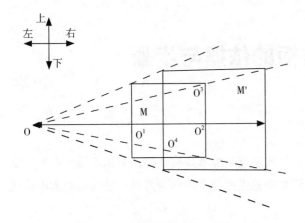

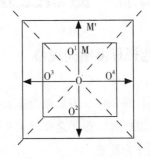

图3-7　投影射线法推板　　　　　图3-8　基准点O定在图的正中心部，基准线为过O的垂直线和水平线，分别向上、下、左、右方向均等推板

以上几种方式放大的图形结构其造型形式并没有改变，但前两种方法比较简单。由此可见，服装工业推板的放缩推画基准点和基准线（坐标轴）的定位和选择要注意3个方面的因素：

（1）要适应人体体型变化规律

人体体型变化不是每个部位都随身高、胸围同比例地增减的。如前胸宽、后背宽、腋深、上裆深等。

（2）有利于保持服装造型、结构的相似和一致

服装造型风格要保持整体的统一，故某些部位不能按比例缩放。如叠门、驳头、冲肩量、领宽、袋宽、腰带宽等部位基本保持不变。原因是钮扣大小不变，所以导致叠门大小不变、驳头大小不变。从视觉一致性上考虑某些部位也不成比例变化。

（3）便于推画放缩和纸样的清晰

由于不同人体不同部位的变化并不像正方形的放缩那么简单，而是有着各自增长或缩小的规律，因此在纸样推板时，既要用到上面图形相似放缩的原理来控制"形"，又要按人体的规律来满足"量"。

第二节　服装工业推板的依据与步骤

一、选择标准中间规格

不论采用什么方法进行服装推板，首先要选择标准规格纸样，即基本纸样或封样纸样。标准纸样一般是选择号型系列或订单中提供的各个规格中具有代表性并能大小兼顾的规格作为基准。

例如，在商场中卖的衬衫后领处缝有尺寸标记，但标记不是只有一种规格，通常的规格有39、40、41、42、43、44、45等。绘制纸样时，在这些规格中多选择41或42规格作为中间规格进行绘制。若选择41为中间规格，则40规格以41规格为基准进行缩小，39规格以40规格为基准进行缩小，42规格也以41规格为基准进行放大，而43规格则又以42规格为参考进行放大，以此类推。

选择合适的中间规格主要考虑3个方面的因素：

第一，由于目前大多数推板的工作还是由人工来完成，合适的中间规格纸样在缩放时能减少误差的产生。如果以最小规格纸样去推放其余规格或以最大规格纸样推缩别的规格，产生的误差相对来说会大些，尤其在最大规格推缩别的规格比最小规格推放其余规格的操作过程更麻烦些。在服装CAD的推板系统中，凭借计算机运算速度快及作图精确的优势就不会产生上述的问题；

第二，由于纸样绘制可以采用不同的公式或方法进行计算，合适的中间规格在缩放时能减少其产生的差数；

第三，对于批量生产的不同规格服装订单，通过中间规格纸样的排料可以估算出面料的平均用料，减少浪费，节约成本。

二、绘制基本纸样

确定中间规格之后，开始绘制中间规格纸样，即基本纸样。绘制基本纸样前首先应分析面料的性能对纸样的影响、人体各部位的测量方法与纸样的关系、采用哪种制板方法等，然后绘制出封样用裁剪纸样和工艺纸样，并按裁剪纸样裁剪面料，严格按工艺纸样缝制、后整理及验收样衣并进行封样。

中间规格纸样的正确与否将直接影响到推板的实施，如果中间规格纸样出现问题，不论推板运用得多么熟练，也没有意义。

三、基准线的确定

基准线类似数学中的坐标轴，从理论上讲，选择任何线作为基准线都是可以的，但是为了推板方便并保证各推板纸样的造型和结构一致，就要科学合理地选择基准线。

常用的基准线：

上装中前片一般选取胸围线作为长度方向的基准线，选取前中或搭门线作为围度方向的基准线；后片一般选取胸围线作为长度方向的基准线，选取后中线作为围度方向的基准线；袖子一般选取袖肥线作为长度方向的基准线，袖中线作为围度方向的基准线；领子一般放缩后领中线，基准位置为领尖点。

裤装中一般选取横裆线（或臀围线、腰围线）作为长度方向的基准线，裤中线作为围度方向的基准线。

裙装中一般选取臀围线（或腰围线）作为长度方向的基准线，前、后中线作为围度方向的基准线。圆裙以圆点为基准，多片裙以对折线为基准。

四、推板的放缩约定

纸样的放大与缩小有严格的界限。

放大：远离基准线的方向；

缩小：接近基准线的方向。

只要记住上面两条约定，就可以准确判定推板的放大和缩小的方向。

图3-9是女上装衣身原型的放大和缩小约定，胸围线是长度方向的基准线，前、后中线分别是前、后片围度的基准线。

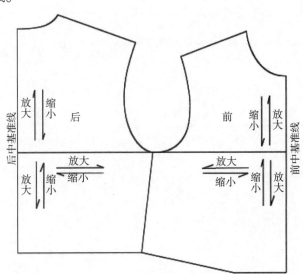

图3-9 女上装衣身原型的放大和缩小约定

五、档差大小及方向的确定

档差的大小根据第二章表2–7和表2–8中各部位的分档采用数，这些数值在推板中非常有用，它们就是我们经常所说的档差。档差是指某一款式同一部位相邻规格之差。

在每个图形特征点，档差的计算都有方向性，即具有横向和纵向（二维方向）的方向性。该方向性都是以缩放基点作为原点的二维坐标而定位的，即在第一象限内特征点的方向性为x+、y+；在第二象限内特征点的方向性为x–、y+；第三象限内特征点的方向性为x–、y–；第四象限内特征点的方向性为x+、y–。

六、缩放后各档样板的构成

在取得特征点缩放的具体位置后，用M 档样板的轮廓图形去构成各档样板的相似图形。其中尤其注意：肩缝的平行；门襟的平行；底边的平行；背缝的平行；腰节线的平行；胸围线的平行；前袖缝的平行；袖口缝的平行；裤烫迹线的平行；冲肩量的不变；省道量的不变；叠门量的不变；袖山风格的不变；前裆缝风格的不变；各种零部件宽度的不变。

第三节　服装工业推板的技术方法

服装工业推板技术方法因使用工具的不同而有差异，主要差异在于缩放的档差是以整体的形式还是部分的形式、是以点的位移形式还是以线的位移形式，各种分类方法如下。

一、点放码

档差的缩放是以图形特征点的缩放形式进行，即每个图形特征点都以缩放基点为原点确定缩放的正负方向。该方法缩放图形的相似性能得到较好的保证，但计算较繁复，常用于手工打板和电脑打板。如图3-10衣身原型点放码。

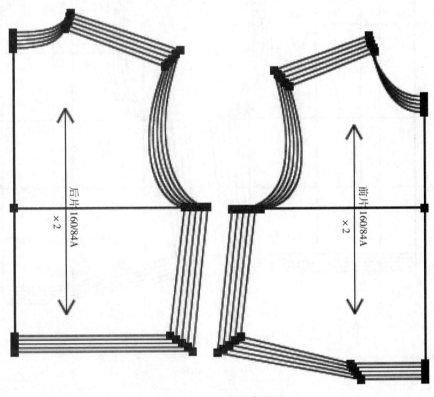

图3-10　衣身原型点放码

二、线放码

将图形纵、横向基础线分别以基点为原点进行正负方向上档差的缩放，该方法计算简单，但图形轮廓的相似性较难保证，较少应用。

三、分割放码

　　将纵、横方向的档差分别放入纵、横向若干分割线内（分割线的设置根据人体的变化规律而恰当的定位），然后将分割的图形进行位移得到缩放后的图形，此类方法能确保图形特征点的周边图形的相似性，但步骤麻烦，常用于电脑打板。如图3-11衣身原型分割放码。

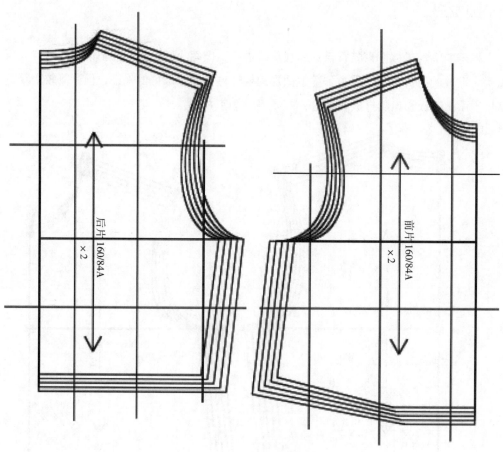

后片 160/84A ×2

前片 160/84A ×2

图3-11　衣身原型分割放码

第四节　女装原型推板

　　根据推板的原理和依据，我们以女装原型的推板过程来了解制板和推板之间的关系。女装原型具体规格尺寸见表3-1。

表3-1　女装原型规格　　　　　　　　　　（单位：cm）

部位	代号	规格	档差
胸围	B	94（84）	4
腰围	W	70（64）	4
背长	BL	38	1
袖长	L	52	1.5

一、女装原型的绘制

　　女装原型细部规格见表3-2，原型绘制见图3-12。

表3-2　女装原型细部规格表

部　　位	前衣片	后衣片
胸　　围	$B_净/4+2.5=23.5$	$B_净/4+2.5=23.5$
背　　长	/	38
横 开 领	$B_净/20+2.9-0.2=6.9$	$B_净/20+2.9=7.1$
直 开 领	$B_净/20+2.9-0.2+1=7.9$	$（B_净/20+2.9）/3=2.36$
袖 窿 深	/	$B/6+7=21$
胸（背）宽	$B/6+3=17$	$B/6+4.5=18.5$
肩 倾 斜 度	$（B_净/20+2.9）/3$	$2（B_净/20+2.9）/3$
后 冲 肩	/	2
前 凸 量	前横开领/2	/
BP点	偏0.7下4	/

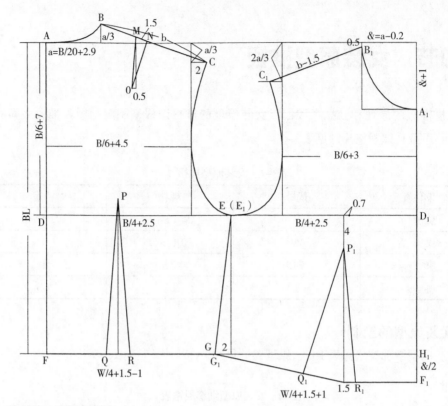

注：这里的 B 采用净胸围

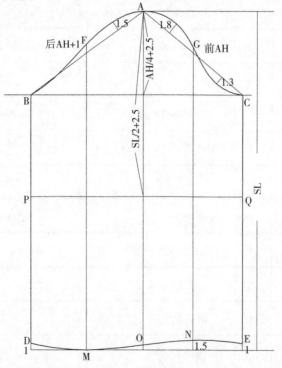

图3-12 女装原型绘制

二、衣身原型的推板

（一）后片推板（图3－13）

选取胸围线为后片长度方向的基准线，后中线为围度方向的基准线。

1. 长度方向

后领中A点：因为A点距离长度基准线为B/6+7，即AD=B/6+7，放大一码后的$AD_1=B_1/6+7$，则A点的变化量即为：$\Delta A=AD_1-AD=(B_1/6+7)-(B/6+7)=(B_1-B)/6=\Delta B/6\approx0.67cm$，为了计算方便及推板的合理性，取$\Delta A=0.6cm$。

肩颈点B点：因为B点距离长度基准线为B/6+7+后领深，后领深=（B/20+2.9）/3，即B距离基准线为：B/6+7+（B/20+2.9）/3，所以B点的变化量为：$\Delta B=\Delta A+\Delta B$（胸围）/60≈0.65cm；

肩点C点：根据肩线的绘制过程，C点在长度方向上比A点下落一个后领深，所以C点的变化量为：$\Delta C=\Delta A-\Delta B$（胸围）/60≈0.55cm。

由于D点、E点位于长度基准线上，所以D点、E点在长度方向上的变化量为0。

由于F点、G点、Q点、R点位于腰围线上，对于长度基准线的距离是一致的，所以这些点在长度方向上的变化量是相同的。我们知道背长的档差为1cm，整个背长分成了两部分AD和DF，AD变化了0.6cm，所以$\Delta F=\Delta G=\Delta Q=\Delta R=\Delta$背长$-\Delta A=0.4cm$。

背省尖点P：因为P点距离基准线为2cm，2cm是个定数，所以$\Delta P=0cm$。

2. 围度方向

后领中A点：由于A点位于后中线上，而后中线是围度方向的基准线，所以A点在围度方向的变化量为0cm。同样道理，D点和F点围度方向的变化都是0cm。

肩颈点B点：因为B点距离

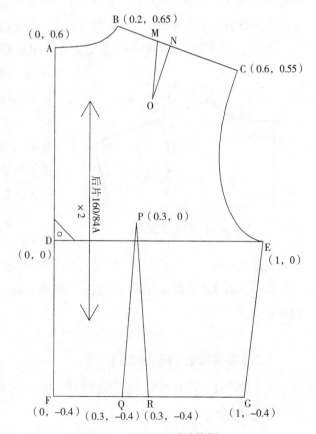

图3-13 衣身原型后片推板

围度基准线为B/20+2.9，所以B点在围度方向上的变化量即为：△B=△B（胸围）/20=0.2cm。

肩点C点：由于肩宽是根据背宽确定的，而背宽=B/6+4.5，所以C点在围度方向上的变化量即为：△C=△B（胸围）/6≈0.67cm，为了计算方便及推板的合理性，取△C=0.6cm。

袖窿深点E点：因为DE=B/4+2.5，所以E点在围度方向上的变化量即为：△E=△B/4=1cm。

侧缝G点：由于G点距离围度基准线为W/4+1.5-1，所以G点在围度方向上的变化量即为：△G=△W/4=1cm。

背省尖点P：因为P点距离围度基准线是根据背宽/2确定的，背宽=B/6+4.5，所以P点在围度方向上的变化量即为：△P=△B/12≈0.3cm。

腰省上的Q点和R点：因为省道的量很小，在推板的过程中一般省的大小保持不变，以保证服装造型的相对统一，所以△Q=△R=△P=0.3cm。

3. 肩省的推板（图3-14）

如果肩省的位置和长短都是定数，那在推板的过程中，省位和省长就不能改变，这样是不符合人体的基本规律的。所以我们将BM设为BC/3，MO设为BC/2，这样肩省就会随着肩线的变化而变化了。根据绘制方法，肩省的推板和肩线有关。具体过程如下：

首先测量出放大规格的肩线长度与中间规格的肩线长度，两者之差即为后肩长的档差△BC，则△BM=△BC/3，△MO=△BC/2。

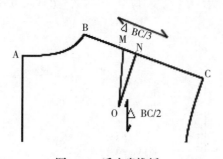

图3-14　后肩省推板

其次，把中间规格的肩线与放大规格的肩线及肩颈点重合，将中间规格的M点位置拷贝到放大规格上的肩线上，然后将该点沿着肩线右移△BC/3，得到M1点。

第三，将中间规格的肩线与放大规格的重合，M点与M1点重合，将中间规格的N点拷贝到放大规格上，得到N1点。将省尖点O拷贝到放大规格的纸样上。

第四，将O点下移△BC/2，得到放大规格的省尖点O1，连接新省线，完成放大规格的肩省。

（二）前片推板（图3-15）

选取胸围线为前片长度方向的基准线，前中线为围度方向的基准线。

1. 长度方向

肩颈点B1点：因为该点是后领中点A水平延长所得，所以B点在长度方向上的

变化量等于A点变化量，即
$\Delta B_1 = \Delta A = 0.6cm$；

前领窝A_1点：因为A_1点距离长度方向的基准线为B_1点到基准线的长度减去一个前领深，而前领深的大小又与后领宽有关，所以A_1点在长度方向上的变化量为：$\Delta A_1 = \Delta B_1 - \Delta B$（胸围）$/20 = 0.6 - 0.2 = 0.4cm$。

前肩点C_1点：根据前肩线的绘制过程，C_1点在长度方向上比A点下落两个后领深，所以C_1点的变化量为：$\Delta C_1 = \Delta A - 2\Delta B$（胸围）$/60 \approx 0.5cm$。

由于D_1点、E_1点位于长度基准线上，所以D_1点、E_1点在长度方向上的变化量为0。

对于腰围线上的F_1点、G_1点、Q_1点、R_1点，由于侧缝线长度相同，所以G_1点在长度方向上的变化量为：$\Delta G_1 = \Delta G = 0.4cm$，由于$F_1$点在水平腰围线的基础上向下有一个胸凸量，而胸凸量的大小等于前横开领/2，所以F_1在长度方向上的变化量为：$\Delta F_1 = \Delta G_1 + 4/（20 \times 2）= 0.5cm$。

胸省尖点P_1：根据绘制过程，P_1点为前胸宽/2左移了0.7cm，再下移4cm，所以P_1在长度方向变化量为0，即$\Delta P_1 = 0$。

2. 围度方向

前领窝A_1点：由于A_1点位于前中线上，而前中线是围度方向的基准线，所以A_1点在围度方向的变化量为0cm。同样道理，D_1点和F_1点围度方向的变化都是0cm。

肩颈点B_1点：因为B_1点距离基准线是一个前领宽，所以B_1点在围度方向上的变化量为：$\Delta B_1 = \Delta B$（胸围）$/20 = 0.2cm$。

前肩点C_1点：由于前肩长是根据后肩长确定的，而后肩点的变化量是0.6cm，所以前肩点C_1点在围度方向上的变化量为：$\Delta C_1 = \Delta C = 0.6cm$。

袖隆深点E_1点：因为$D_1E_1 = B/4 + 2.5$，所以E_1点在围度方向上的变化量为：$\Delta E_1 = \Delta B/4 = 1cm$。

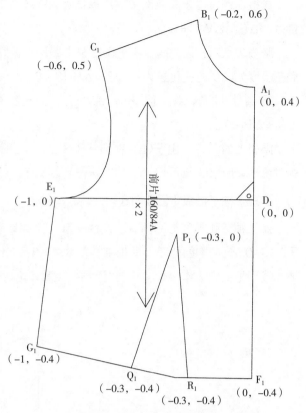

图3-15 衣身原型前片推板

侧缝G_1点：由于G_1点距离围度基准线为W/4+1.5+1，所以G_1点在围度方向上的变化量为：$\Delta G_1=\Delta W/4=1cm$。

胸省尖点P_1：因为P_1点距离围度基准线是根据胸宽/2确定的，胸宽=B/6+3，所以P_1点在围度方向上的变化量为：$\Delta P_1=\Delta B/12\approx0.3cm$。

腰省上的R_1点：因为R_1点和P_1对于基本准线的关系是一致的，所以$\Delta R_1=\Delta P_1=0.3cm$。

腰省上的Q_1点：由于Q_1点在斜线R_1G_1上，又因为省的大小不变，以保证服装造型的相对统一，所以Q_1点可用拷贝的方法得到。

（三）袖子推板（图3-16）

通常袖窿弧长度与胸围有一定的关系，大约等于0.45×胸围，这样袖窿的档差就等于0.45~0.5倍的胸围档差，即袖窿档差约为1.8~2cm，这里我们取袖窿的档差为2cm。

我们把袖肥线作为长度基准线，袖中线作为围度基准线。

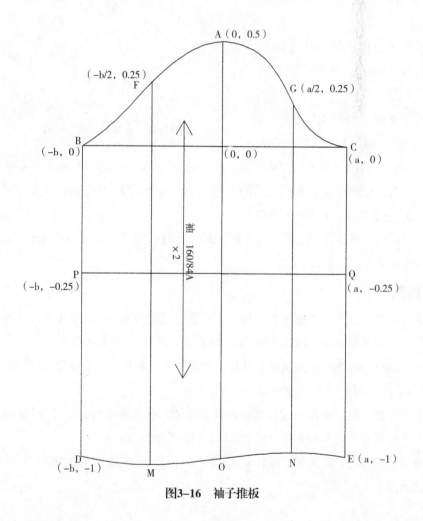

图3-16　袖子推板

1. 长度方向

袖山顶点A：根据袖山高的计算公式，A点在长度方向的变化量：$\triangle A=\triangle AH/4=2/4=0.5cm$。

B、C点：由于B、C点在长度基准线上，所以B点、C点在长度方向的变化量为0。

袖口线上D、M、O、N、E点：由于这些点距离基准线都是一个袖长减去一个袖山高，所以D、M、O、N、E点在长度方向的变化量为：$\triangle D=\triangle M=\triangle O=\triangle N=\triangle E=\triangle SL-\triangle A=1.5-0.5=1cm$。

袖肘线P点和Q点：根据袖肘线PQ的绘制方法，P点和Q点在长度方向上的变化量为：$\triangle P=\triangle Q=\triangle SL/2-\triangle A=0.75-0.5=0.25cm$。

袖山弧线F点和G点：根据袖山的绘制方法，F点和G点近似等于袖山高的一半，所以，F点和G点在长度方向上的变化量为：$\triangle F=\triangle G=\triangle A/2=0.25cm$。

2. 围度方向

袖山顶点A：由于袖山顶点A在围度基准线上，所以A点在围度方向上的变化量为0。

袖肥点B和C：根据绘制方法确定B点和C点在纬度方向上的变化量，具体步骤如下（图3–17）：

1）找到放大以后的A_1点，从A_1点向右下作前袖山斜线A_1C_1，与袖肥线交于C_1，使$A_1C_1=AC+1$，得到C_1点，则CC_1即为C点在纬度方向的变化量a；

2）从A_1点向左下作后袖山斜线A_1B_1，与袖肥线交于B_1，使$A_1B_1=AB+1$，得到B_1点，则BB_1即为B点在纬度方向的变化量b。

袖肘点P点和袖口线D点：由于PD平行于基准线袖中线，所以P点和D点在纬度方向上的变化量等于B点的变化量：$\triangle P=\triangle D=\triangle B=b$。

袖肘点Q点和袖口线E点：由于QE平行于基准线袖中线，所以Q点和E点在纬度方向上的变化量等于C点的变化量：$\triangle Q=\triangle E=\triangle C=a$。

由于FM、GN都平行于基准线，且分别位于后袖肥和前袖肥的1/2处，所以：$\triangle F=\triangle M=\triangle B/2=b/2$；$\triangle G=\triangle N=\triangle C/2=a/2$。

原型推板网状图见图3–18。

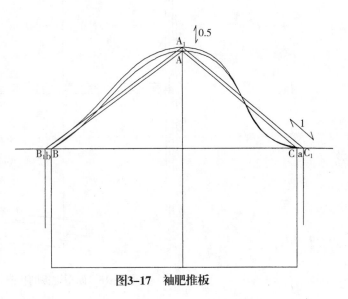

图3-17 袖肥推板

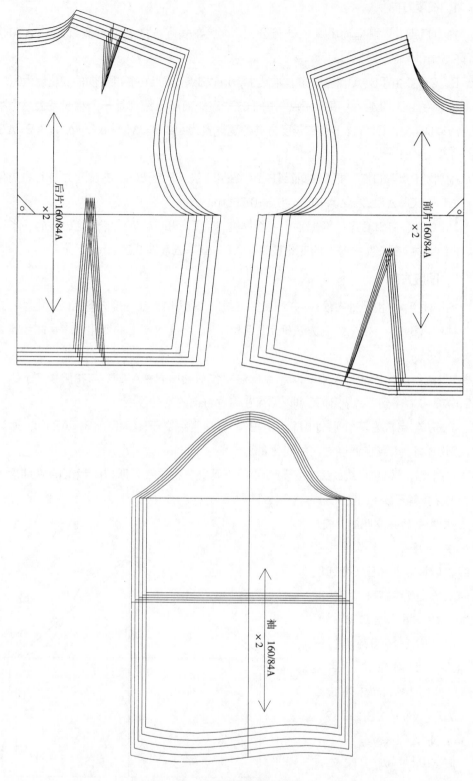

图3-18 原型推板网状图

后片160/84A ×2

前片160/84A ×2

袖 160/84A ×2

课后思考及实践:

1. 服装工业推板的概念及常用的方法。

2. 工业推板时如何选择基准线。

3. 工业推板的技术方法。

4. 实践训练与思考: 按以下规格表（表3–3）进行女装上衣原型的推板,试比较与5·4系列推板的区别。

表3–3　女装原型规格　　　　　　　　　　　　（单位: cm）

部位	代号	S	M	L	档差
胸围	B	91	94（84）	97	3
腰围	W	67	70（64）	73	3
背长	BL	37	38	39	1
袖长	L	50.2	52	53.5	1.5

第四章

裙装工业制板

第一节　直裙工业制板

一、款式说明

直裙臀围与腰围至裙摆几乎成一条直线，外形似筒状，也叫筒裙。西服裙也是直裙的一种。分一个前片和两个后片，绱腰，后开衩，装拉链，前后共收八个省。图4-1是直裙款式图。

图4-1　直裙

二、规格尺寸

直裙成品规格尺寸见表4-1。

表4-1　直裙成品规格　　　　　　　　　　　　　　　　（单位：cm）

部位	155/62A	160/66A	165/70A	170/74A	175/78A	档差
腰围W	64	68	72	76	80	4
臀围H	90	94	98	102	106	4
腰臀深D	16.5	17	17.5	18	18.5	0.5
裙长L	55.5	58	60.5	63	65.5	2.5
腰头宽	3.8	3.8	3.8	3.8	3.8	0

三、基本纸样绘制（图4-2）

（一）后裙片

（1）画水平线腰围线，垂直线后中线，在后中线上取一个裙长定底边线。

（2）距离腰围线一个臀腰深（17cm）画臀围线，在臀围线上取H/4-1画侧缝线。

（3）在腰围线上取W/4-1+省（4cm）定后腰大。

（4）腰围线与后侧缝线交点处顺着侧缝线向上延长0.7cm，底边处收进2cm，画顺后侧缝线。

（5）腰围线与后中线交点处下落1cm为后腰中点，画顺后腰线。

（6）在后中线底摆处画出高18cm、宽4cm的后开衩。

（7）后腰上3等分设置2省道，靠近后中的省道长11cm，靠近侧缝的省长8.5cm，省道大小均为2cm。

（二）前裙片

（1）延长上水平线、臀围线及底边线，画出垂直线前中线。

（2）在臀围线上取H/4+1画侧缝线。

（3）在腰围线上取W/4+1+省（4cm）定前腰大。

（4）腰围线与前侧缝线交点处顺着侧缝线向上延长0.7cm，底边处收进2cm，画顺前侧缝线。

（5）画顺前腰线，前腰上3等分设置2省道，省长均为8.5cm，省道大小均为2cm。

前后裙片细部规格见表4-2。

表4-2　细部规格表

步骤	前裙片	后裙片
臀围	H/4+1	H/4-1
腰围	W/4+1+省	W/4-1+省
裙长	L	L
臀腰深	17	17
后开衩高	/	18
后开衩宽	/	4

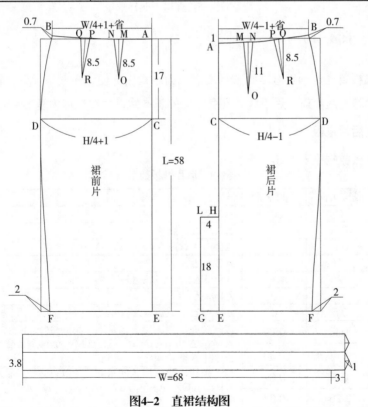

图4-2　直裙结构图

四、工业样板（图4-3）

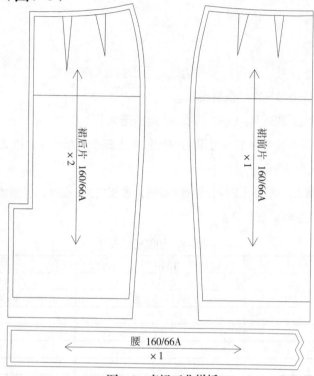

图4-3　直裙工业样板

五、推板（图4-4）

直裙推板首先应确定基准线和基准点。为了推板方便，一般情况下，选取臀围线为长度方向的基准线，前、后中线为围度方向的基准线，两线交点为基准点。

（一）后片推板

后片推板数据见表4-3。

表4-3　后片推板数据表　　　　　　　　　　　　　　　　（单位：cm）

放码点	长度方向	围度方向	备　注
C	0	0	基准点
A	0.5	0	△Ay=△臀腰深
B	0.5	1	△By=△臀腰深，△Bx=△W/4
D	1	0	△Dx=△H/4
F	2	1	△Fy=△L，△Fx=△H/4
E	2	0	△Fy=△L
H、L	0.5	0	△Hy=△Ly=△L−△后开衩（后开衩档差为1.5cm）
M、N	0.5	0.33	该省道在距离围度方向基准线为W/3处，所以 △Mx=△Nx=△Ox=0.33，△My=△Ny=△臀腰深，△Oy=△臀腰深/3
O	0.17	0.33	
P、Q	0.5	0.67	该省道在距离围度方向基准线为2W/3处，所以 △Px=△Qx=△Rx=0.67，△Py=△Qy=△臀腰深，△Ry=△臀腰深/2
R	0.25	0.67	

（二）前片推板

前片推板数据见表4-4。

表4-4 前片推板数据表 （单位：cm）

放码点	长度方向	围度方向	备 注
C	0	0	基准点
A	0.5	0	△Ay=△臀腰深
B	0.5	1	△By=△臀腰深，△Bx=△W/4
D	0	1	△Dx=△H/4
F	2	1	△Fy=△L，△Fx=△H/4
E	2	0	△Fy=△L
M、N	0.5	0.33	该省道在距离围度方向基准线为W/3处，所以 △Mx=△Nx=△Ox=0.33，△My=△Ny=△臀腰深， △Oy=△臀腰深/2
O	0.25	0.33	
P、Q	0.5	0.67	该省道在距离围度方向基准线为2W/3处，所以 △Px=△Qx=△Rx=0.67，△Py=△Qy=△臀腰深， △Ry=△臀腰深/2
R	0.25	0.67	

（三）腰推板

裙腰的推板比较简单，一般在后腰中心处放出即可。

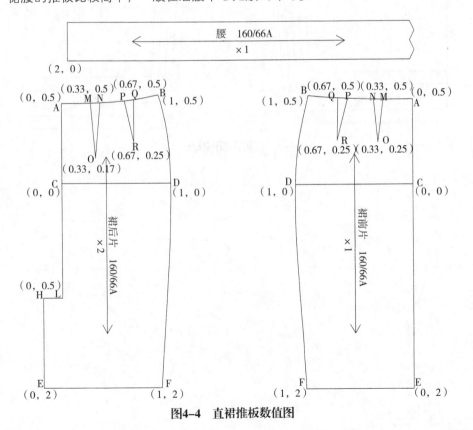

图4-4 直裙推板数值图

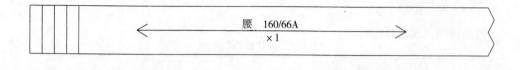

腰　160/66A
×1

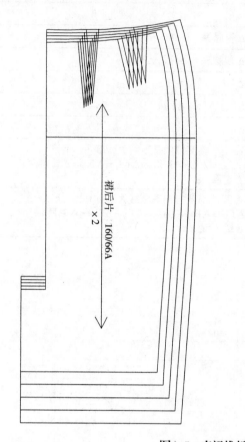

裙后片　160/66A
×2

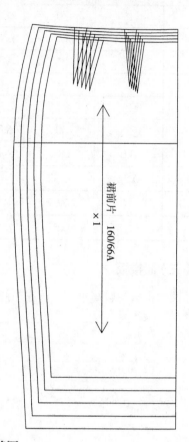

裙前片　160/66A
×1

图4-5　直裙推板网状图

第二节　六片A字裙工业制板

一、款式说明

六片A字裙属于A字裙的一种，因外形类似A字而得名。前后片各由3片组成，绱腰，侧缝装拉链。图4-6是六片A字裙款式图。

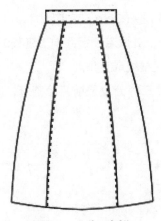

图4-6　六片A字裙

二、规格尺寸

六片裙成品规格尺寸见表4-5。

表4-5　六片裙成品规格　　　　　　　　　　　　　　　（单位：cm）

部位	155/62A	160/66A	165/70A	170/74A	175/78A	档差
腰围W	64	68	72	76	80	4
臀围H	90	94	98	102	106	4
腰臀深D	16.5	17	17.5	18	18.5	0.5
裙长L	55.5	58	60.5	63	65.5	2.5
腰宽头	3.8	3.8	3.8	3.8	3.8	0

三、基本纸样绘制（图4-7）

（一）后裙片

1.画水平线腰围线，垂直线后中线，在后中线上取一个裙长定底边线。

2.距离腰围线一个臀腰深（17cm）画臀围线，在臀围线上取H/4-1画侧缝线。

3.在腰围线上取W/4-1+省（3cm）定后腰大。

（4）腰围线与后侧缝线交点处顺着侧缝线向上延长0.7cm，底边处外放4cm，画顺后侧缝线、底摆线，侧缝线与底摆线成直角。

（5）腰围线与后中线交点处下落1cm为后腰中点，画顺后腰线。

（6）后腰上二等分设置后片分割缝，腰处收掉一个省量，下摆处各放出2cm的重叠量。

（二）前裙片

（1）延长上水平线、臀围线及底边线，画出垂直线前中线。

（2）在臀围线上取H/4+1画侧缝线。

（3）在腰围线上取W/4+1+省（3cm）定前腰大。

（4）腰围线与前侧缝线交点处顺着侧缝线向上延长0.7cm，底边处外放4cm，画顺后侧缝线、底摆线，侧缝线与底摆线成直角。

（5）画顺前腰线，前腰上二等分设置前片分割缝，腰处收掉一个省量，下摆处各放出2cm的重叠量。

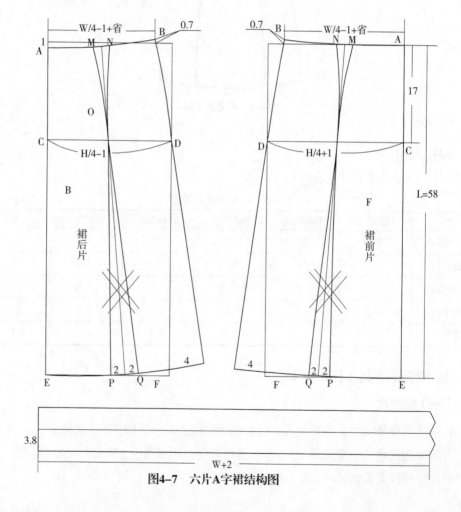

图4-7　六片A字裙结构图

四、工业样板（图4-8）

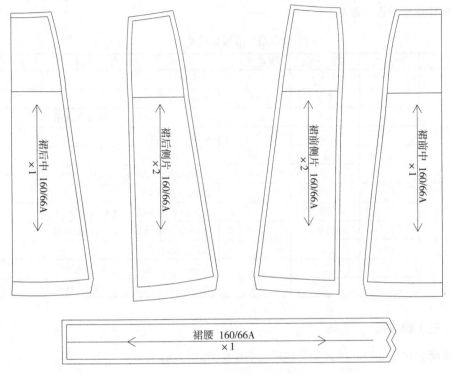

裙后中 160/66A ×1

裙后侧片 160/66A ×2

裙前侧片 160/66A ×2

裙前中 160/66A ×1

裙腰 160/66A ×1

图4-8 六片A字裙工业样板

五、推板（图4-9）

选取臀围线为六片A字裙长度方向的基准线，前、后中线为六片A字裙围度方向的基准线，两线交点为基准点。

（一）后片推板

后片推板数据见表4-6。

表4-6 后片推板数据表 （单位：cm）

部位	放码点	长度方向	围度方向	备　　注
后中片	C	0	0	基准点
	A	0.5	0	$\triangle Ay = \triangle$臀腰深
	N	0.5	0.5	$\triangle Ny = \triangle$臀腰深，$\triangle Nx = \triangle W/8$
	O	0	0.5	$\triangle Ox = \triangle H/8$
	E	2	0	$\triangle Fy = \triangle L - \triangle Ay$
	Q	2	0.5	$\triangle Qy = \triangle L - \triangle Ay$，$\triangle Qx = \triangle H/8$
后侧片	D	0	1	$\triangle Dx = \triangle H/4$
	B	0.5	1	$\triangle By = \triangle$臀腰深，$\triangle Bx = \triangle W/4$
	N	0.5	0.5	$\triangle Ny = \triangle$臀腰深，$\triangle Nx = \triangle W/8$
	O	0	0.5	$\triangle Ox = \triangle H/8$
	P	2	0.5	$\triangle Py = \triangle L - \triangle Ay$，$\triangle Px = \triangle H/8$
	F	2	1	$\triangle Fy = \triangle L - \triangle Ay$，$\triangle Fx = \triangle H/4$

（二）前片推板

前片推板数据见表4-7。

表4-7　前片推板数据表　　　　　　　　　　　　　　　　（单位：cm）

部位	放码点	长度方向	围度方向	备　　　注
前中片	C	0	0	基准点
	A	0.5	0	$\Delta Ay=\Delta$臀腰深
	N	0.5	0.5	$\Delta Ny=\Delta$臀腰深，$\Delta Nx=\Delta W/8$
	O	0	0.5	$\Delta Ox=\Delta H/8$
	E	2	0	$\Delta Fy=\Delta L-\Delta Ay$
	Q	2	0.5	$\Delta Qy=\Delta L-\Delta Ay$，$\Delta Qx=\Delta H/8$
前侧片	D	0	1	$\Delta Dx=\Delta H/4$
	B	0.5	1	$\Delta By=\Delta$臀腰深，$\Delta Bx=\Delta W/4$
	N	0.5	0.5	$\Delta Ny=\Delta$臀腰深，$\Delta Nx=\Delta W/8$
	O	0	0.5	$\Delta Ox=\Delta H/8$
	P	2	0.5	$\Delta Py=\Delta L-\Delta Ay$，$\Delta Px=\Delta H/8$
	F	2	1	$\Delta Fy=\Delta L-\Delta Ay$，$\Delta Fx=\Delta H/4$

（三）腰推板

裙腰的推板比较简单，一般在后腰中心处放出即可。

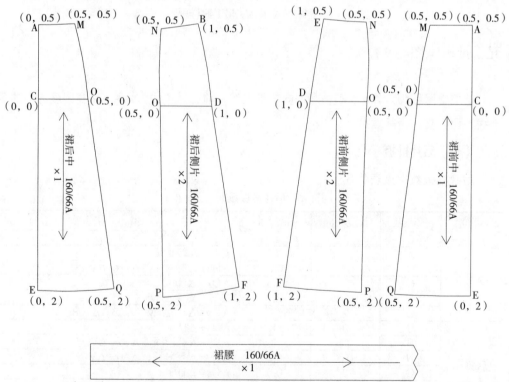

图4-9①　六片A字裙推板图

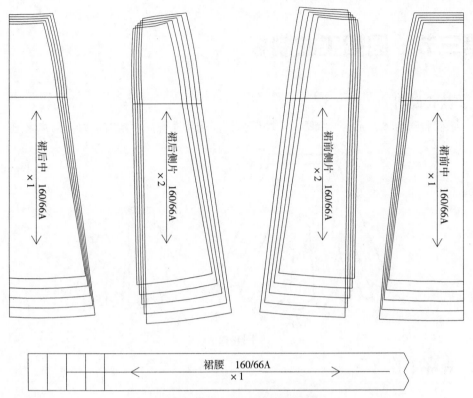

图4-9② 六片A字裙推板图

第三节　圆裙工业制板

一、款式说明

圆裙腰部合体，无省，绱腰，后中装拉链。因裙摆圆润，富有活力，又称太阳裙。

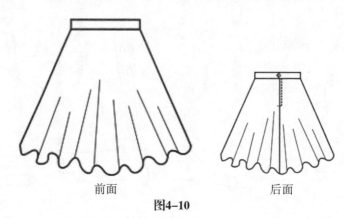

前面　　　　　　　　　　　　后面

图4-10

二、规格尺寸

圆裙成品规格尺寸见表4-9。

表4-9　圆裙成品规格
（单位：cm）

部位	155/62A	160/66A	165/70A	170/74A	175/78A	档差
腰围W	64	68	72	76	80	4
裙长L	45.5	48	50.5	53	55.5	2.5

三、基本纸样绘制

如图4-11，首先绘制水平线、垂直线，交点为O。以点O为圆心，以$W/2\pi$为半径画圆交水平线为A点，交垂直线为B点；以点O为圆心，以裙长$L+W/2\pi$为半径画圆交水平线为E点，交垂直线为F点，则圆弧EF为底摆线。在侧缝线AE上沿着A点向右0.5~0.7cm为D点，则DE为侧缝线。BF线为裙前中线，从B点下落1cm为C点，则CF线为裙后中线。

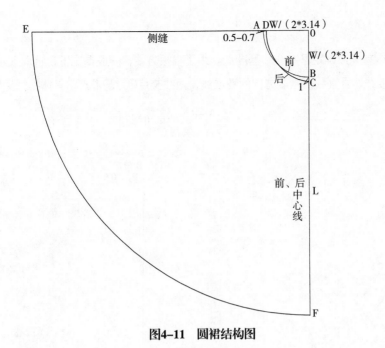

图4-11 圆裙结构图

四、工业样板

圆裙工业样板见图4-12。

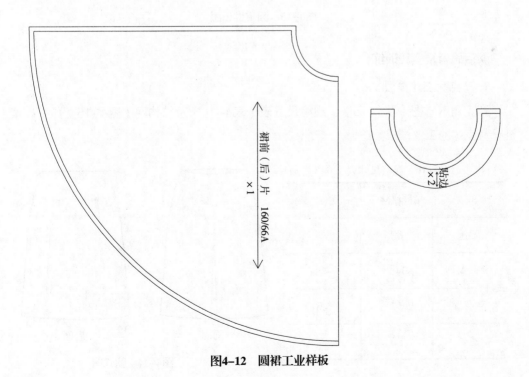

图4-12 圆裙工业样板

五、推板

圆裙推板首先应确定基准线和基准点。为了推板方便，一般情况下，选取上水平线为长度方向的基准线，垂直线为围度方向的基准线，两线交点O为基准点，具体推板见图4-13。

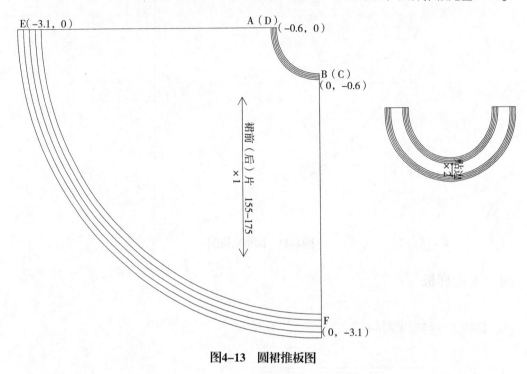

图4-13 圆裙推板图

课后思考及实践训练：

1. 育克裙工业推板

育克裙款式图（图4-15）、规格尺寸表（表4-10）及结构图（图4-15）如下，请进行育克裙的工业推板。

表4-10 规格尺寸表（单位：cm）

部位	规格M	档差
腰围	68	4
臀围	94.2	4
腰臀深	17	0.5
裙长	60	2

前面　　　　　后面

图4-14 款式图

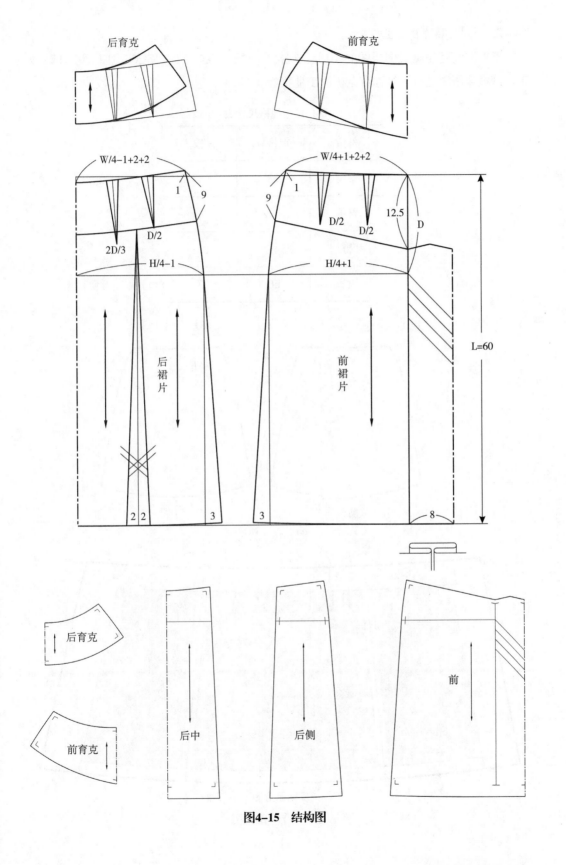

图4-15　结构图

2. 不对称育克裙工业推板

不对称育克裙款式图（图4-16）、规格尺寸表（表4-11）及结构图（图4-17）如下。请根据所学进行不对称育克裙的工业推板。

表4-11 规格尺寸表（单位：cm）

部位	规格M	档差
腰围	68	4
臀围	94.2	4
腰臀深	17	0.5
裙长	50	2

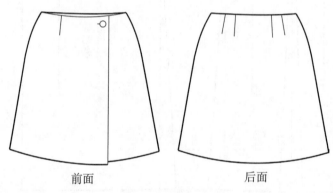

前面　　　　　　　　　　后面

图4-16 款式图

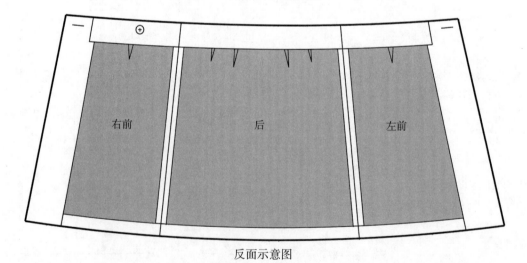

反面示意图

图4-17① 结构图

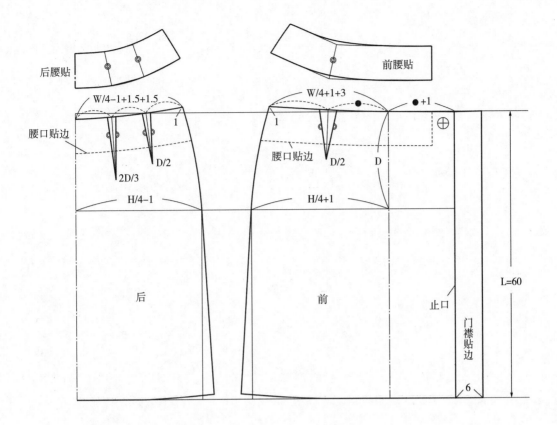

图4-17② 结构图

第五章

裤装工业制板

第一节　男西裤工业制板

一、款式说明

男西裤主要由2个前片、2个后片和腰头构成。前中有门、里襟，上拉链，前片设有活褶，侧缝各有一个直插袋。后片各有两个相向倒向的省道，双嵌线后口袋；上腰，腰头上有6只串带。图5-1是男西裤款式图。

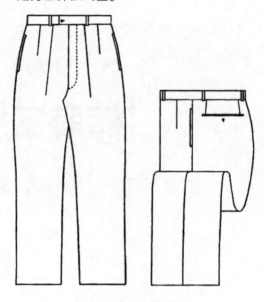

图5-1　男西裤款式图

二、规格尺寸

男西裤成品规格尺寸见表5-1。

表5-1　男西裤成品规格尺寸表 （单位：cm）

部位	165/72A	170/74A	175/76A	180/78A	185/80A	档差
腰围W	74	76	78	80	82	2
臀围H	98.4	100	101.6	103.2	104.8	1.6
裤长L	99	102	105	108	111	3
裤口宽K	44	45	46	47	48	1
立裆深D	22.25	23	23.75	24.5	25.25	0.75
腰头宽	4	4	4	4	4	0
拉链长	15.24	16.51	17.78	18.05	18.32	1.27

三、基本纸样绘制

（一）前裤片（图5-2）

（1）首先画出侧缝基础线BF，过B点作腰口基础线AB。

（2）作腰口基础线AB的平行线JK作为脚口线，两者之间的距离为一个裤长减去一个腰头宽。

（3）距离AB一个立裆深作AB的平行线EF为横裆线。

（4）在BF上靠近F点1/3处作EF的平行线CD，即为臀围线；在脚口线JK与臀围线CD的中点上提4cm作脚口线JK的平行线HI，即为中裆线。

（5）在臀围线上过D点量取H/4-1定出C点，CD即为前臀围。

（6）过C点作侧缝基础线BF的平行线分别交腰口线为A点，交横裆线为G点，AG即为前裆基础线。

（7）过G点量取H/25作小裆宽GE，画顺前裆弧线。

（8）在腰口线上从B点偏进0.7cm为起点至A点的距离为W/4-0.5+省，省道的大小即为臀腰差/4，3cm的量作平行褶，剩余的量作锥形省。

（9）在横裆线上从F点偏进0.7cm至小裆宽E点的距离2等分，过等分点作前侧缝基础线的平行线，即为裤中线。

（10）以脚口线与裤中线的交点为中点将脚口/2-1的量两边平分得到J点和K点。

（11）前脚口尺寸加上2cm后以中裆线与裤中线的交点为中点两边平分，得到H点和I点。

（12）画顺侧缝线、内裆线，形成前裤片结构图（图5-2）。

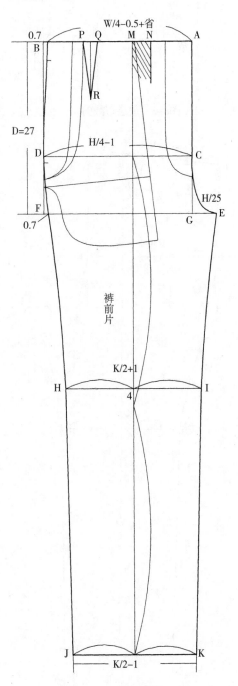

图5-2 前裤片结构图

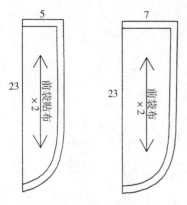

图5-3 前袋布裁剪图

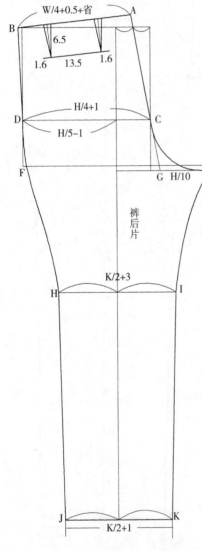

图5-4 后裤片结构图

（13）前片平行褶倒向前裆，锥形省位于裤中线与侧缝线的中点处作腰口线的垂线，长度为立裆深/3，即为省中线，根据省的大小确定出两条省线。

（14）直插袋的确定方法：从侧缝线与腰口线的交点为起点，沿着侧缝线向下量取3cm为直插袋开口起点，接着向下量取16cm为开口终点。

（15）前袋贴布和前袋布的做法见图5-3。

（二）后裤片（图5-4）

（1）将腰口线、臀围线、横裆线、中裆线、脚口线延长，做垂线BF作为后片侧缝基础线。

（2）从臀围线与侧缝基础线的交点D点量取H/4+1，则CD为后片臀围。过C点作后裆基础线平行于侧缝基础线。

（3）从D点开始量取H/5−1做裤中线平行于侧缝基础线。

（4）在腰口线上，裤中线与后裆基础线的中点与C点直线相连并在腰口处延长2~3cm的起翘量，在横裆线处延长1~1.5cm的落裆量，则AG为后裆斜线。

（5）在落裆线上从G点开始量取大裆宽H/10，画顺后裆弧线。

（6）从后裆起翘点A向腰口线上量取W/4+0.5+省（4cm）定出新的B点，则AB即为后片腰口线。

（7）后脚口为脚口/2+1，后中裆比后脚口大2cm，做法同前片。

（8）按要求画顺侧缝线、内裆线。

（9）后口袋的做法：距离腰口线6.5cm做腰口线的平行线分别与侧缝线和后裆弧线相交，

则后口袋就在这条线上。后口袋大小为13.5cm，位置可分别距离侧缝线和后裆弧线等距来定位，或者距离后裆弧线稍大点来定位。

（10）后省道的做法：从后口袋两端点分别向里1.6cm找到两点，作腰口线的垂线，即为省中线，根据省道的大小（每个2cm）作好省线。

（11）后袋垫布、后袋嵌线、后袋布作法见图5-5。

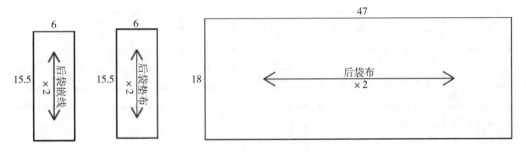

图5-5　后袋各片结构图

（三）门、里襟及腰头

门、里襟及腰头的细部规格见表5-2，结构图见图5-6。

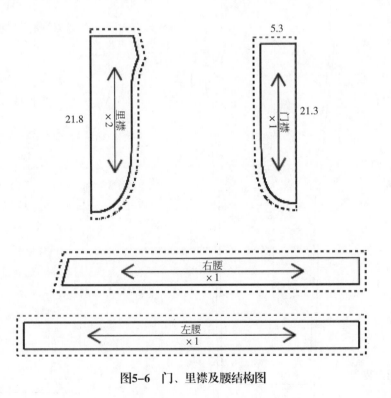

图5-6　门、里襟及腰结构图

表5-2　细部规格表

步　骤	前裤片	后裤片
臀围	H/4-1	H/4+1
腰围	W/4-0.5+省	W/4+0.5+省
裤长	L-腰头宽	L-腰头宽
腰至横裆	D	D（落裆1~1.5cm）
臀围线	D/3	D/3
裆宽	H/25	H/10
脚口	K/2-1	K/2+1
中裆	K/2+1	K/2+3
裤中线	横裆大/2	距侧缝H/5-1
后口袋宽	裆	13.5

注：这里的臀围、腰围为成品尺寸。

四、工业样板

男西裤工业样板见图5-7。

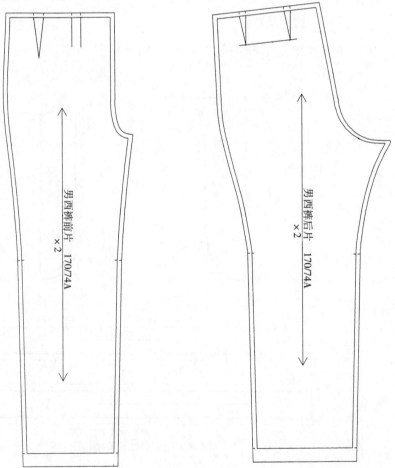

**图5-7①　男西装
裤工业样板**

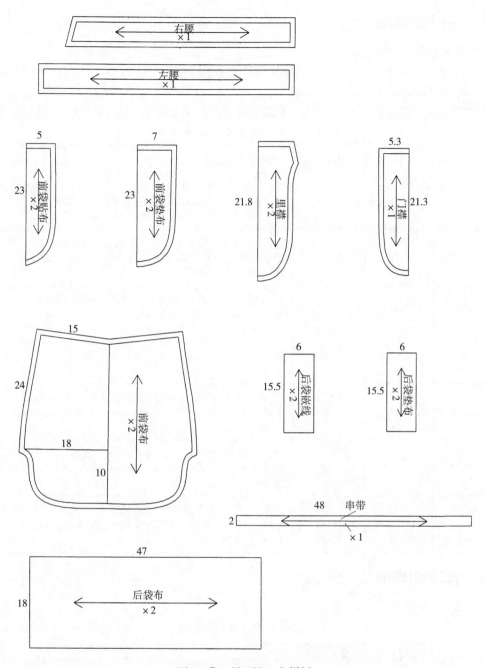

图5-7②　男西裤工业样板

五、推板（图5-8）

　　为了推板方便，一般情况下，选取男西裤横裆线为长度方向的基准线，前、后裤中线为围度方向的基准线，两线交点为基准点。

（一）前片推板

前片推板数据见表5-3。

表5-3　前片推板数据表　　　　　　　　　　　（单位：cm）

放码点	长度方向	围度方向	备　注
E	0	0.25	E点和F点在长度基准线上，所以△Ey=△Fy=0；因为EF=H/4-1+H/25-0.7，所以△EF=△H/4+△H/25=0.464≈0.5，所以△Ex=△Fx=0.25
F	0	0.25	
D	0.25	0.25	D点距长度基准线横裆线为立裆/3，所以△Dy=△立裆/3=0.25；D点和E点都在侧缝基础线上，对于围度基准线裤中线的关系是一致的，所以△Dx=△Ex=0.25
C	0.25	0.15	C点与D点都在臀围线上，所以△Cy=△Dy=0.25；因为CD=H/4-1，所以△CD=△H/4=0.4，则△Cx=△CD-△Dx=0.4-0.25=0.15
B	0.75	0.25	因为B点距横裆线是一个立裆，所以△By=△立裆=0.75；同D点一样，△Bx=0.25
A	0.75	0.25	△Ay=△立裆=0.75；因为AB=W/4-0.5+省，所以△AB=△W/4=0.5，则△Ax=△AB-△Bx=0.5-0.25=0.25
J、K	2.25	0.25	J、K距离横裆线为一个裤长减去一个立裆深，所以△Jy=△Ky=△L-△立裆=3-0.75=2.25；△Jx=△Kx=△脚口/2=0.25
H、I	1	0.25	根据HI的确定方法，△Hy=△Iy=（△L-△2立裆/3）/2-△立裆/3=（3-0.5）/2-0.25=1；△Hx=△Ix=△脚口/2=0.25
M、N	0.75	0.125	该省道距离基准线为B点距离基准线的1/2处，所以△Mx=△Nx=△Ox=△B/2=0.125，△My=△Ny=△立裆=0.75，△Oy=△2立裆/3=0.5
O	0.5	0.125	

（二）后片推板

后片推板数据见表5-4。

表5-4　后片推板数据表　　　　　　　　　　　（单位：cm）

放码点	长度方向	围度方向	备　注
E	0	0.3	E点在长度基准线上，所以△Ey=△Fy=0；因为EF=H/4-1+H/10，所以△EF=△H/4+△H/10=0.56≈0.6，△Ex=△Fx=0.3
F	0	0.3	
D	0.25	0.3	D点距长度基准线横裆线为立裆/3，所以△Dy=△立裆/3=0.25；D点和E点都在侧缝基础线上，对于围度基准线裤中线的关系是一致的，所以△Dx=△Ex=0.3
C	0.25	0.1	C点与D点都在臀围线上，所以△Cy=△Dy=0.25；因为CD=H/4+1，所以△CD=△H/4=0.4，则△Cx=△CD-△Dx=0.4-0.3=0.1

放码点	长度方向	围度方向	备 注
A	0.75	0.05	因为A点距横裆线是一个立裆，所以△Ay=△立裆=0.75；根据后裆斜线的作图方法，A点距离裤中线等于C点距裤中线的1/2，所以△Ax=△Cx/2=0.1/2=0.05
B	0.75	0.25	因为B点距横裆线是一个立裆，所以△By=△立裆=0.75；因AB=W/4+0.5+省，所以△AB=△W/4=0.5，则△Bx=△AB−△A=0.5−0.05=0.45
J、K	2.25	0.25	同前片
H、I	1	0.25	同前片

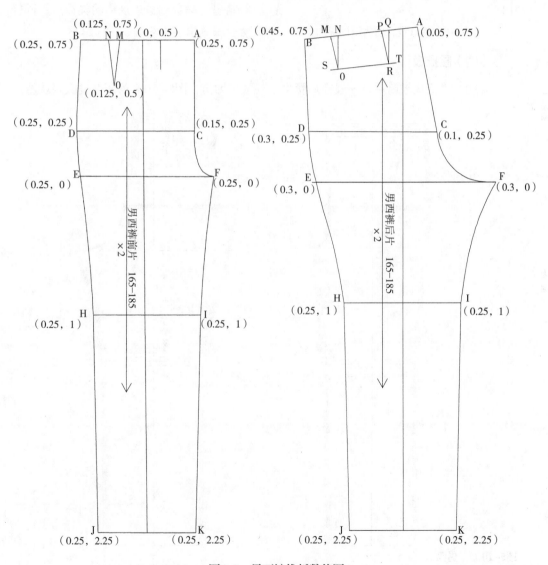

图5-8 男西裤推板数值图

（三）后口袋、后省道推板

后口袋和后省道的推板采用拷贝的方法，见图5-9。

首先画出放大规格的腰口线A₁B₁及侧缝线和后裆线，将中间规格的腰口线与放大规格的腰口线重合，腰口两边留出等距的距离，将口袋的位置拷贝到放大规格的样板上，因为后口袋的档差为0.5，所以将拷贝好的口袋两边各放出0.25，即为放大规格的口袋位置。

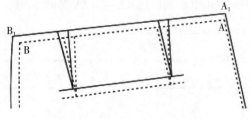

图5-9 后口袋、后省道推板图

定出放大规格的口袋位置后，将中间规格的口袋线与放大规格的口袋线重合，口袋一个端点重合、腰线也是重合的，这时将省道拷贝到放大规格的样板上；同样方法得到另一个省道。

（四）腰推板

裤腰的推板比较简单，一般在后腰中心处放出即可，图5-10为男西裤推板网状图。

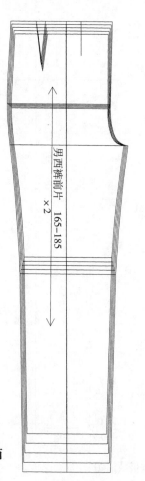

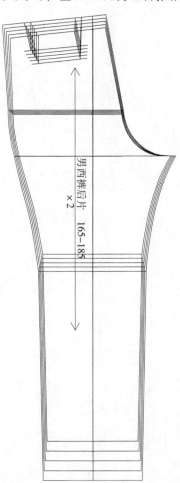

男西裤前片 ×2 165-185

男西裤后片 ×2 165-185

图5-10① 男西裤推板网状图

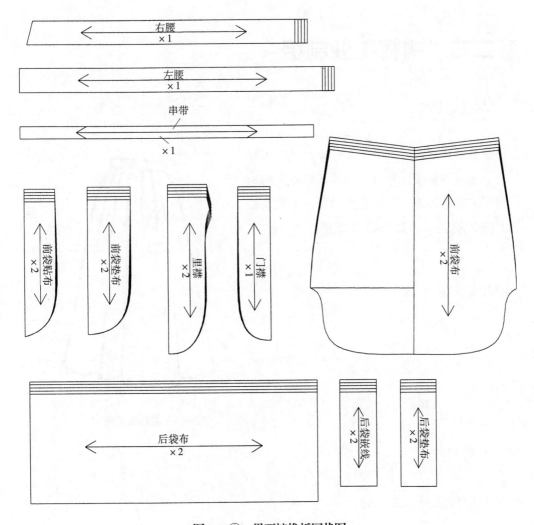

图5-10②　男西裤推板网状图

第二节　裙裤工业制板

一、款式说明

　　裙裤从外观造型来看，像一条裙子，实际上是有裆缝的裤子。裙裤是有裤子的裁片结构和裙子的动态外观，可以在宽松量、长短及结构上作变化。图5-11为裙裤款式图。

图5-11　裙裤款式图

二、规格尺寸

裙裤成品规格尺寸见表5-5。

表5-5　裙裤成品规格尺寸表　　　　　　　　　　　　（单位：cm）

部位	155/60A	160/64A	165/68A	170/72A	175/76A	档差
腰围W	62	66	70	74	78	4
臀围H	94	98	102	106	110	4
裤长L	55	58	61	64	67	3
立裆深D	26.25	27	27.75	28.5	29.25	0.75
腰头宽	3	3	3	3	3	0

三、基本纸样绘制

　　裙裤结构图见图5-12。

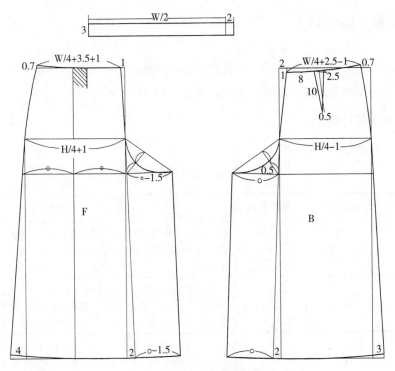

图5-12 裙裤结构图

四、工业样板（图5-13）

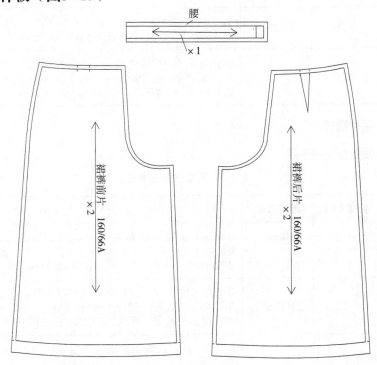

图5-13 工业样板图

五、推板（图5-14）

为了推板方便，一般情况下，选取裙裤横裆线EF为长度方向的基准线，前、后裤中线为围度方向的基准线，两线交点为基准点。

（一）前片推板

前片推板数据见表5-6。

表5-6　前片推板数据表　　　　　　　　　　　　　　（单位：cm）

放码点	长度方向	围度方向	备　　注
E	0	0.75	E点和F点在长度基准线EF上，所以$\triangle Ey=\triangle Fy=0$；因为$EF=H/4+1+（H/4+1）/2$，所以$\triangle EF=\triangle H/4+\triangle H/8=1+0.5=1.5$，所以$\triangle Ex=\triangle Fx=0.75$
F	0	0.75	
C	0.25	0.75	C点距长度基准线横裆线为立裆/3，所以$\triangle Cy=\triangle立裆/3=0.25$；C点和E点都在侧缝基础线上，对于围度基准线裤中线的关系是一致的，所以$\triangle Cx=\triangle Ex=0.75$
D	0.25	0.75	D点与C点都在臀围线上，所以$\triangle Dy=\triangle Cy=0.25$；因为$CD=H/4-1$，所以$\triangle CD=\triangle H/4=1$，则$\triangle Dx=\triangle CD-\triangle Cx=1-0.75=0.25$
A	0.75	0.75	因为A点距横裆线是一个立裆，所以$\triangle Ay=\triangle立裆=0.75$；同C点一样，$\triangle Ax=0.75$
B	0.75	0.25	$\triangle By=\triangle立裆=0.75$；因为$AB=W/4+3.5+1$，所以$\triangle AB=\triangle W/4=1$，则$\triangle Bx=\triangle AB-\triangle Ax=1-0.75=0.25$
H、G	2.25	0.25	H、G距离横裆线为一个裤长减去一个立裆深，所以$\triangle Hy=\triangle Gy=\triangle L-\triangle立裆=3-0.75=2.25$；$\triangle Hx=\triangle Gx=\triangle脚口/2=0.25$

（二）后片推板

后片推板数据见表5-7。

表5-7　后片推板数据表　　　　　　　　　　　　　　（单位：cm）

放码点	长度方向	围度方向	备　　注
E	0	0.75	E点和F点在长度基准线上，所以$\triangle Ey=\triangle Fy=0$；因为$EF=H/4-1+（H/4-1）/2$，所以$\triangle EF=\triangle H/4+\triangle H/8=1+0.5=1.5$，所以$\triangle Ex=\triangle Fx=0.75$
F	0	0.75	
C	0.25	0.75	C点距长度基准线横裆线为立裆/3，所以$\triangle Cy=\triangle立裆/3=0.25$；C点和E点都在侧缝基础线上，对于围度基准线裤中线的关系是一致的，所以$\triangle Cx=\triangle Ex=0.75$
D	0.25	0.75	D点与C点都在臀围线上，所以$\triangle Dy=\triangle Cy=0.25$；因为$CD=H/4-1$，所以$\triangle CD=\triangle H/4=1$，则$\triangle Dx=\triangle CD-\triangle Cx=1-0.75=0.25$

放码点	长度方向	围度方向	备　注
A	0.75	0.75	因为A点距横裆线是一个立裆，所以△Ay＝△立裆＝0.75；同C点一样，△Ax＝0.75
B	0.75	0.25	△By＝△立裆＝0.75；因为AB＝W/4＋3.5＋1，所以△AB＝△W/4＝1，则△Bx＝△AB－△Ax＝1－0.75＝0.25
H、G	2.25	0.25	H、G距离横裆线为一个裤长减去一个立裆深，所以△Hy＝△Gy＝L－△立裆＝3－0.75＝2.25；△Hx＝△Gx＝△脚口/2＝0.25
M、N	0.75	0	M和N点位于腰口线上，所以△My＝△Ny＝0.75；省道围度位置可固定不变，所以△Mx＝△Nx＝△Ox＝0；省尖点O距离长度基准线是2/3个立裆，所以△Oy＝0.5
O	0.5	0	

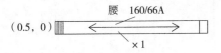

（0.5，0）　　　　腰　160/66A

×1

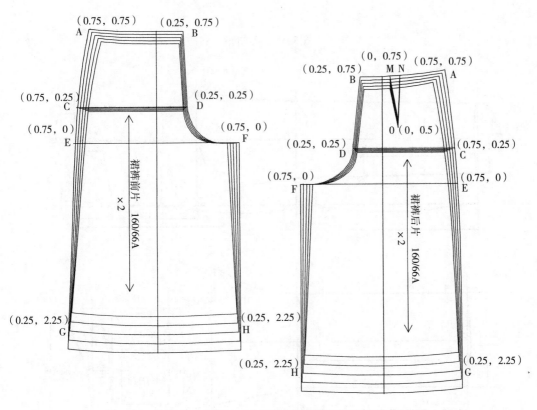

图5-14　裙裤推板网状图

课后思考与实践训练：

牛仔裤款式图（图5-15）、规格表（表5-7）及结构图（图5-16），请根据所学知识进行牛仔裤的工业推板。

表5-7　规格尺寸表　　　　　　　　　　　　　　　（单位：cm）

号型	部位	裤长	腰围	臀围	上档	中档	脚口	腰头宽
170/74A	规格	101	78	94	26	21	20	4

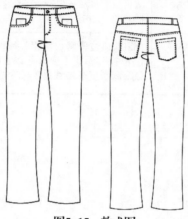

图5-15　款式图

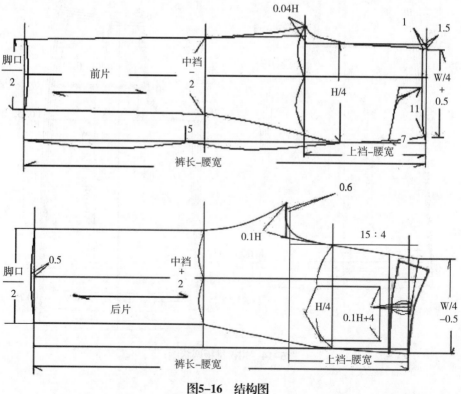

图5-16　结构图

第六章

衬衫工业制板

第一节　男式衬衫工业制板

一、款式说明

该款式属H形造型，即宽松直筒式（腰部位也可少收一些）；领型属关闭式领，尖角；袖型属一片式装袖，袖口开袖衩，设2~3个折裥，圆头袖头，钉钮扣1~2粒；衣身前片左侧设胸袋1个，前正中开襟，也可设外翻门襟，钉6粒钮扣；后身设双层式过肩；燕尾摆（圆下摆）。图6-1是男式衬衫款式图。

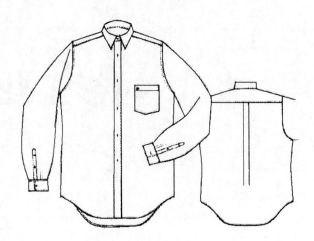

图6-1　男式衬衫款式图

二、规格尺寸（表6-1）

表6-1　男式衬衫成品规格尺寸表　　　　（单位：cm）

部位	160/80A	165/84A	170/88A	175/92A	180/96A	档差
领大C	39	40	41	42	43	1
衣长L	76	78	80	82	84	2
胸围B	104	108	112	116	120	4
肩宽SW	43.6	44.8	46	47.2	48.4	1.2
背长BL	40	41	42	43	44	1
袖长SL	55	56.5	58	59.5	61	1.5
袖头K	23	24	25	26	27	1
袖肥	22	23	24	25	26	1

三、基本纸样绘制（图6-2）

（一）后片

（1）画后中基础线，取长度为一个衣长80cm，作出上水平线和下水平线。

（2）从上水平线向下量取一个背长42cm，作水平腰围线。

（3）以上水平线与后中线的交点为起点量取C/5—0.7为后领宽，后领深为1/3的后领宽，画顺后领弧线。

（4）以上水平线与后中线的交点为起点量取1/2的肩宽，后肩落肩量为4.5cm，连接肩线。

（5）过肩端点水平向里进1.5cm，向下作一个袖肥定胸围线，后胸围大为B/4。

（6）过腋下点向下作出侧缝线，腰围线处偏近1cm，底边抬高14cm，如图6-2①作出底边圆摆线。

（7）后中处下6cm作过肩线，袖窿处收掉1cm。

（8）后中向外放出3cm褶裥量，画顺外轮廓线。

（二）前片

（1）延长上水平线、胸围线、腰围线及底边线，作出前中基础线。

（2）作出前领宽C/5-0.7cm、前领深C/5+0.3，画顺前领弧线。

（3）以上水平线与前中线的交点为起点量取1/2的肩宽，前肩落肩量为5cm，连接肩线。

（4）过肩端点水平向里进2~2.5cm，向下作出胸宽线。

（5）在胸围线上定出前胸围大为B/4，作出侧缝基础线。

（6）在后片底边线的基础上抬高4cm为前片底边基础线。

（7）侧缝线与腰围线交点处偏近1cm，底边抬高10cm，如图6-2①作出底边圆摆线。

（8）前门襟作图见图6-2①。

（9）第一粒扣位于底领上，衣身上第一粒扣距离前领中点6cm，然后间隔9.6cm作出其它4粒扣。

（10）前过肩距离前肩线3cm，将前后过肩以肩线作为拼合线进行拼合。

（11）前左侧衣身上贴袋的位置：胸围线与胸宽线的交点向前中方向进2.5cm，垂直向上3.5cm为口袋一端点，口袋宽为11.5cm，口袋长为12cm，口袋上口线有0.5cm的倾斜度，口袋的造型见图6-2①。

（三）衬衫领

衬衫领包括底领和上衣领。底领大C/2，后中宽3.2cm，前领宽2.5cm，前领向上1cm的倾斜度；上衣领后中宽4.2cm，前领造型可根据需要设计。具体作法见图6-2②。

（四）衬衫袖

作水平垂直线，从交点处向上量取袖山高9cm定袖山顶点，向左右分别量出前、后袖肥定出整个袖子的宽度，画顺前后袖山弧线；从袖山顶点向下量出一个袖长减去一个袖头宽，按照袖头大+4cm（褶裥）作出底边线，如图6-2②作出袖衩和褶裥；按袖头的大小和宽度画出袖头。

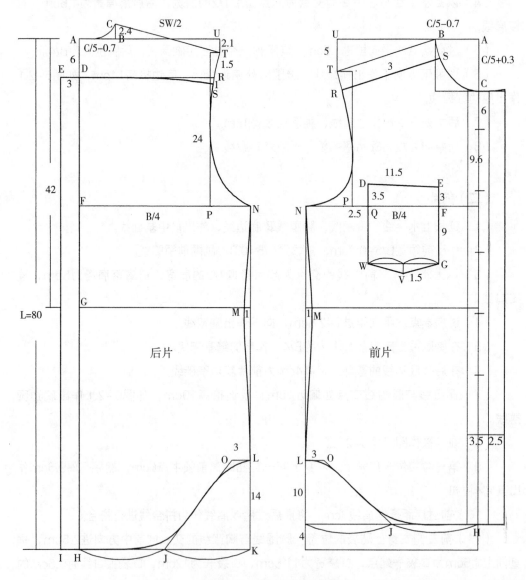

图6-2①　男式衬衫结构图

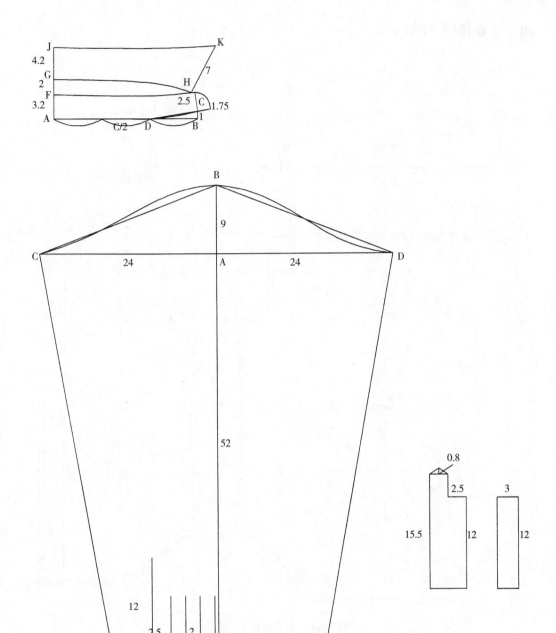

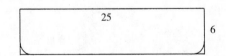

图6-2② 男式衬衫结构图

四、工业样板（图6-3）

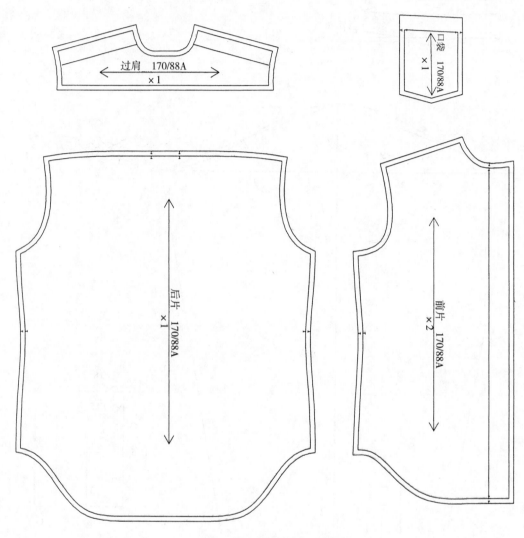

图6-3① 男式衬衫工业样板

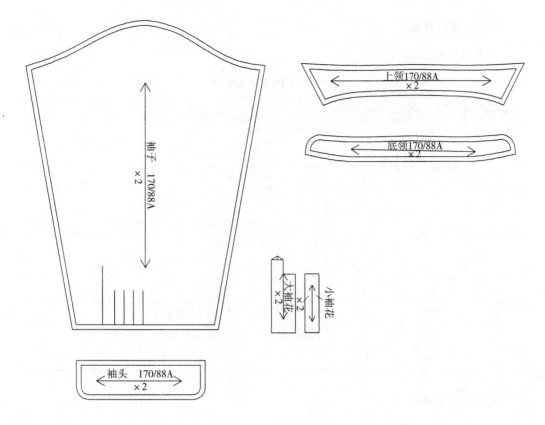

图6-3　男式衬衫工业样板

五、推板（图6-4）

为了推板方便，一般情况下，前后衣片选取胸围线为长度方向的基准线，前、后中线为围度方向的基准线，两线交点为基准点；袖子选取袖开深线作为长度方向基准线，袖中线作为围度方向基准线。

（一）后片推板

后片推板数据见表6-2。

（单位：cm）

表6-2　后片推板数据表

放码点	长度方向	围度方向	备　　注
N	0	1	△Nx=△胸围/4
E	1	0	△Ey=△袖肥
S	1	0.6	△Sy=△袖肥，△Sx=△肩宽/2
L	1	1	△Ly=△衣长−△袖肥，△Lx=△Nx=△胸围/4
J	1	0	△Ly=△衣长−△袖肥

（二）前片推板

前片推板数据见表6-3。

表6-3 前片推板数据表 （单位：cm）

放码点	长度方向	围度方向	备 注
N	0	1	△Nx=△胸围/4
B	1	0.2	△By=△袖肥，△Bx=△领围/5
C	0.8	0	△By=△袖肥−△领围/5
R	1	0.6	△Ry=△袖肥，△Rx=△肩宽/2
L	1	1	△Ly=△衣长−△袖肥，△Lx=△Nx=△胸围/4
H	1	0	△Ly=△衣长−△袖肥
D	0	0.6	△Dx=△肩宽/2
E	0	0.1	△Dx=△肩宽/2−△口袋大
W	0.5	0.6	△Wy=△口袋大，△Wx=△肩宽/2
G	0.5	0.1	△Gy=△口袋大，△Gx=△肩宽/2−△口袋大
V	0.5	0.35	△Vy=△口袋大，△Vx=(△W−△G)/2

（三）过肩推板

过肩推板数据见表6-4。

表6-4 过肩推板数据表 （单位：cm）

放码点	长度方向	围度方向	备 注
A、F	0	0	围度基准线，长度不变
C	0	0.2	△Cx=△领围/5
T	0	0.6	△Tx=△肩宽/2
S	0	0.6	△Sx=△肩宽/2

（四）袖子推板

袖子推板数据见表6-5。

表6-5 袖子推板数据表 （单位：cm）

放码点	长度方向	围度方向	备 注
B	0.5	0	△By=△袖山高
C、D	0	1	△Cx=△Dx=△袖肥
E、F	1	0.5	△Ey=△Fy=△袖长−△袖山高，△Ex=△Fx=△袖口/2
袖衩	0.5	0	高度变化0.5cm，宽度为定数

（五）领子推板

领子推板比较简单，一般以领尖点为基准点，在领后中线直接放出领围的档差即可。

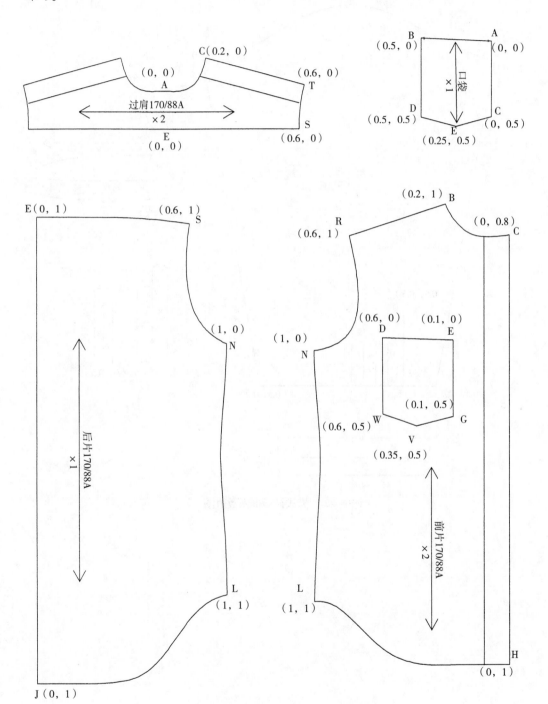

图6-4① 男式衬衫推板数值图

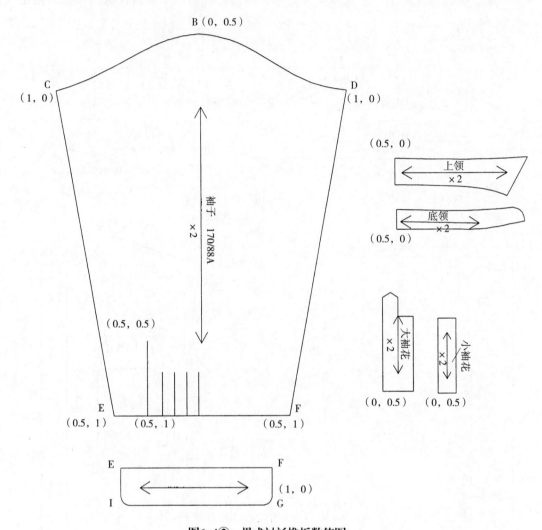

图6-4② 男式衬衫推板数值图

男式衬衫推板网状图见图6-5。

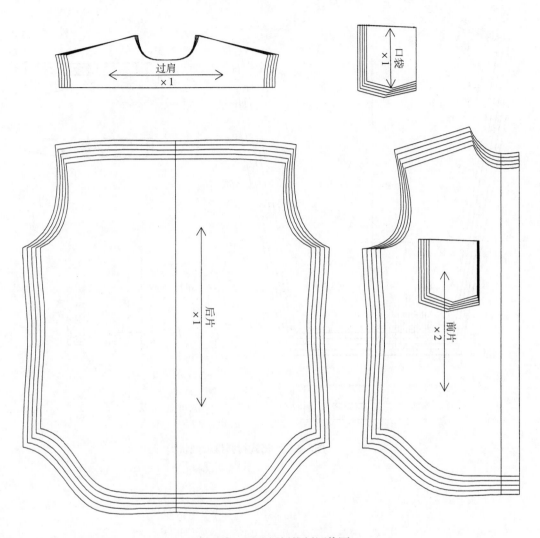

图6-5① 男式衬衫推板网状图

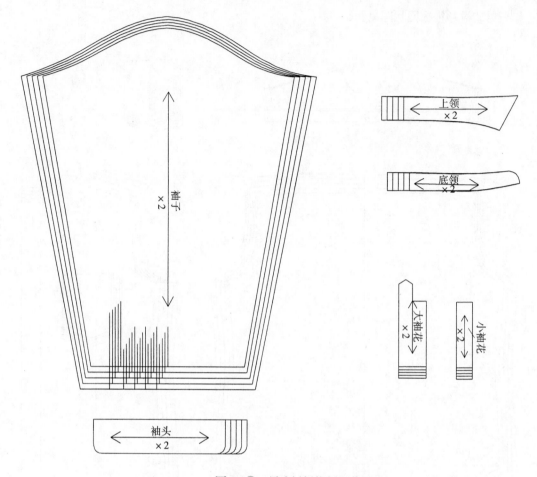

图6-5② 男式衬衫推板网状图

第二节 女式衬衫工业制板

一、款式说明

  该女式衬衫领型属衬衫领；袖型属一片式装袖，袖口开袖衩，设2~3个折裥，圆头袖头，钉钮扣1~2粒；前正中开襟，也可设外翻门襟，钉6粒钮扣；前后片腰部收省道，前腋下收省。图6-6是女式衬衫款式图。

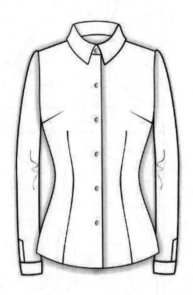

图6-6 女式衬衫款式图

二、规格尺寸

  女式衬衫规格尺寸见表6-7。

表6-7 女式衬衫成品规格 （单位：cm）

部位	155/80A	160/84A	165/88A	170/92A	175/96A	档差
领大C	37	38	39	40	41	1
衣长L	58	60	62	64	66	2
胸围B	90	94	98	102	106	4
肩宽SW	38	39	40	41	42	1
背长BL	37	38	39	40	41	1
袖长SL	53.5	55	56.5	58	59.5	1.5
袖头K	22	23	24	25	26	1

三、基本纸样绘制（图6-7）

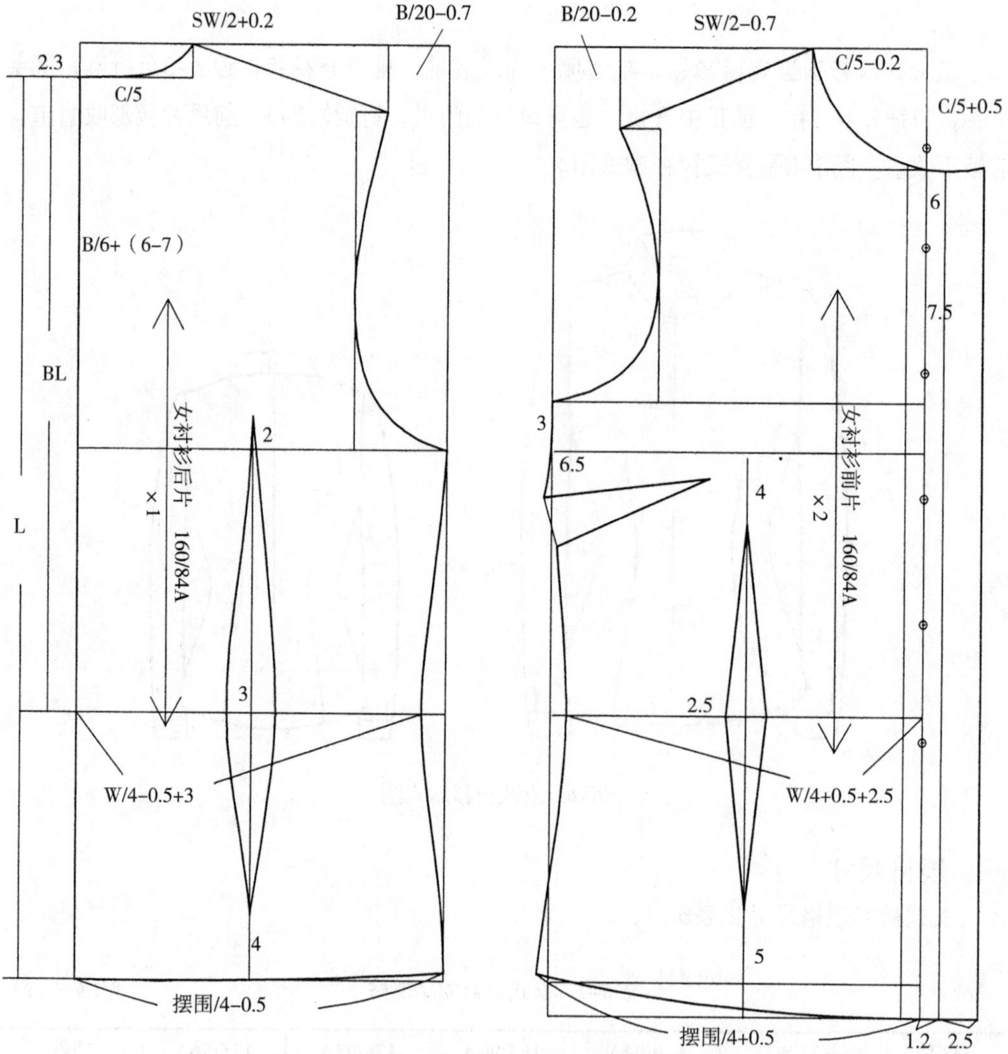

SW/2+0.2
B/20−0.7
2.3
C/5
B/6+（6−7）
BL
L
女衬衫后片 ×1 160/84A
2
3
4
W/4−0.5+3
摆围/4−0.5
B/20−0.2
SW/2−0.7
C/5−0.2
C/5+0.5
6
7.5
3
6.5
4
女衬衫前片 ×2 160/84A
2.5
W/4+0.5+2.5
5
摆围/4+0.5
1.2
2.5

图6-7① 女式衬衫结构图

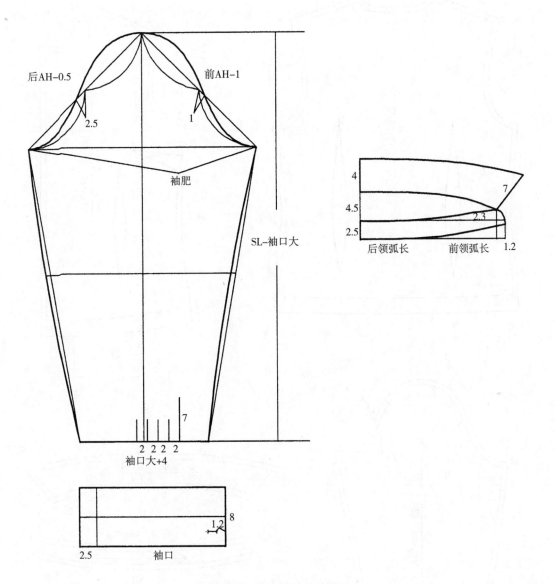

图6-7②　女式衬衫结构图

四、工业样板（图6-8）

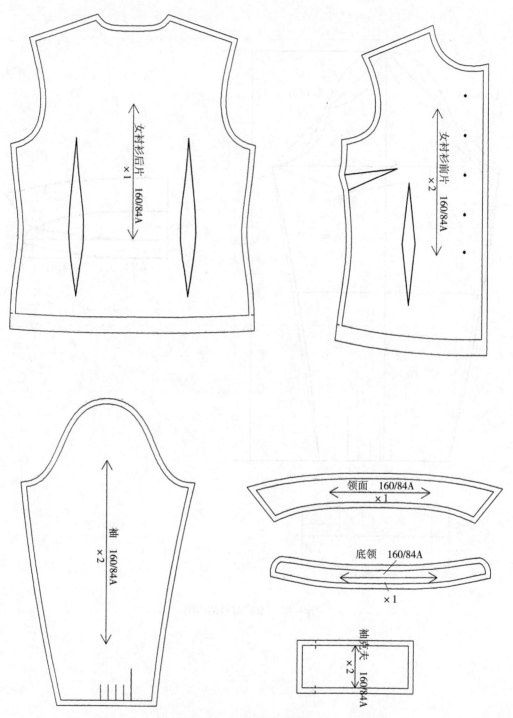

女衬衫后片 ×1 160/84A

女衬衫前片 ×2 160/84A

袖 ×2 160/84A

领面 160/84A ×1

底领 160/84A ×1

袖克夫 ×2 160/84A

图6-8　女式衬衫工业样板

五、推板

为了推板方便，一般情况下，前后衣片选取胸围线为长度方向的基准线，前、后中线为围度方向的基准线，两线交点为基准点；袖子选取袖开深线作为长度方向基准线，袖中线作为围度方向基准线。

（一）后片推板

后片推板数据见表6-8。

表6-8　后片推板数据表　　　　　　　　　　　　（单位：cm）

放码点	长度方向	围度方向	备　　注
I	0	0	基准点
A	0.67	0	△Ay=△胸围/6
B	0.67	0.2	△By=△胸围/6, △Bx=△领围/5
C	0.67	0.5	△Cy=△胸围/6, △Cx=△肩宽/2
D	0	1	△Dx=△胸围/4
E	0.33	1	△Ey=△背长–△Ay, △Ex=△胸围/4
F	0.33	0	△Fy=△Ey
H	1.33	0	△Hy=△衣长–△Ay
G	1.33	1	△Gy=△衣长–△Ay, △Gx=△胸围/4
O	0	0.5	△Ox=△胸围/4/2
M、N	0.33	0.5	△My=△Ny=△Ey, △Mx=△Nx=△胸围/4/2
P	1.33	0.5	△Py=△Hy, △Px=△胸围/4/2

（二）前片推板

前片推板数据见表6-9。

表6-9　前片推板数据表　　　　　　　　　　　　（单位：cm）

放码点	长度方向	围度方向	备　　注
I	0	0	基准点
A	0.47	0	△Ay=△胸围/6–△领围/5
B	0.67	0.2	△By=△胸围/6, △Bx=△领围/5
C	0.67	0.5	△Cy=△胸围/6, △Cx=△肩宽/2
D	0	1	△Dx=△胸围/4

放码点	长度方向	围度方向	备　　注
E	0.33	1	△Ey=△背长－△By，△Ex=△胸围/4
F	0.33	0	△Fy=△Ey
H	1.33	0	△Hy=△衣长－△By
G	1.33	1	△Gy=△衣长－△By，△Gx=△胸围/4
O、Q	0	0.5	△Ox=△Qx=△胸围/4/2
M、N	0.33	0.5	△My=△Ny=△Ey，△Mx=△Nx=△胸围/4/2
P	1.33	0.5	△Py=△Hy，△Px=△胸围/4/2
R、S	0	1	△Rx=△Sx=△胸围/4

（三）袖子推板

袖子推板数据见表6–10。

表6–10　袖子推板数据表　　　　　（单位：cm）

放码点	长度方向	围度方向	备　　注
A	0.5	0	△Ay=△袖山高
B、C	0	0.8	△Cx=△Bx=△袖肥
D、E	1	0.5	△Dy=△Ey=△袖长－△袖山高，△Dx=△Ex=△袖口/2
袖衩	0.5	0	高度变化0.5cm，宽度为定数

（四）领子推板

领子推板比较简单，一般以领尖点为基准点，在领后中线直接放出领围的档差即可。

女式衬衫推板数值图见图6–9，女式衬衫推板网状图见图6–10。

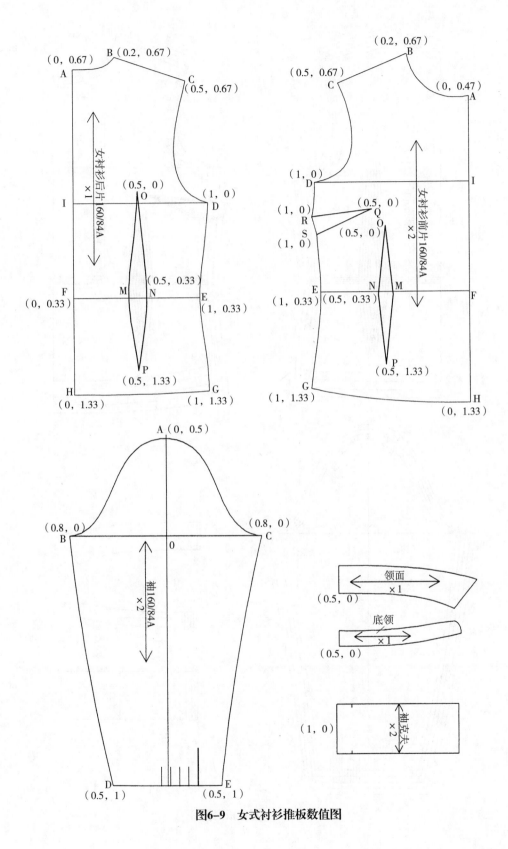

图6-9 女式衬衫推板数值图

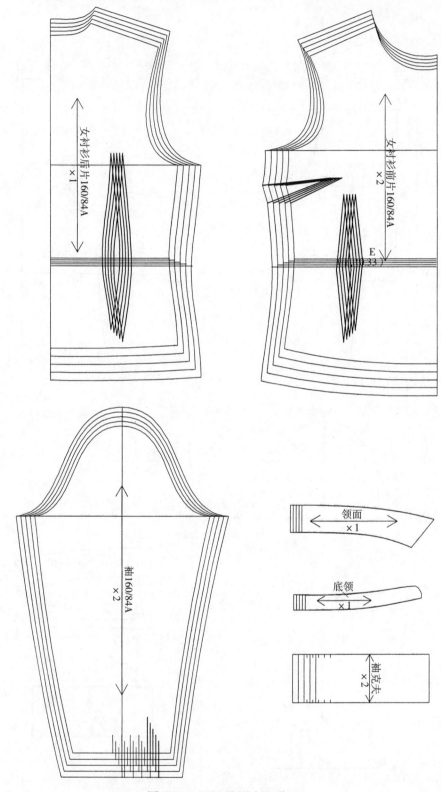

图6-10 女式衬衫推板网状图

课后思考及实践训练：

1. 衬衫变化款式衬衫工业推板

衬衫变化款式衬衫款式图（图6-11）、规格表（表6-11）及结构图（图6-12）如下，请根据所学知识进行衬衫变化款式衬衫的工业推板。

表6-11　衬衫变化款式衬衫规格表

部位	衣长	胸围	肩宽	袖长	袖口	腰围
规格	58	90	38	56	12.5	74

图6-11　变款衬衫款式图

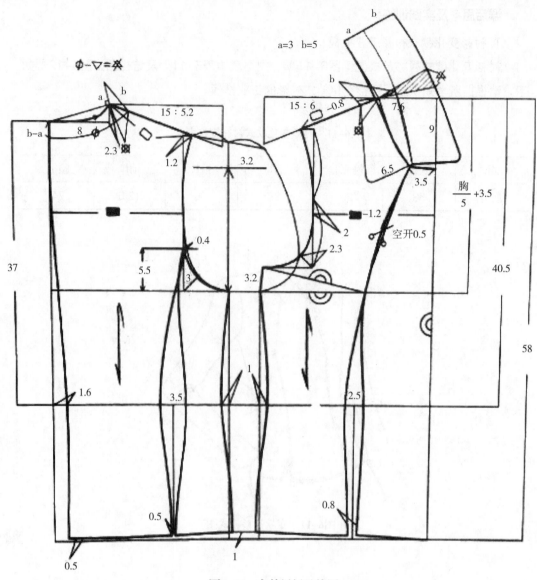

図6-12 変款衬衫结构图

第七章

西装工业制板

第一节　男西装工业制板

一、款式说明

该款西装戗驳领1粒扣、三开身，左前片胸部设有手巾袋，左右前身各有1双嵌线口袋，两片袖，设有袖开衩，钉4粒袖扣。图7-1是男西装款式图。

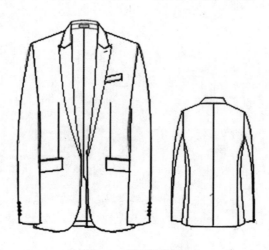

图7-1　男西装款式图

二、规格尺寸

男西装成品规格见表7-1。

表7-1　男西装成品规格 （单位：cm）

部位	160/80A	165/84A	170/88A	175/92A	180/96A	档差
净领围	34.8	35.8	36.8	37.8	38.8	1.0
衣长	64	66	68	70	72	2
肩宽	41.2	42.4	43.6	44.8	46	1.2
胸围	100	104	108	112	116	4
臀围	94	98	102	106	110	4
背长	40.1	41.3	42.5	43.7	44.9	1.2
袖长	57	58.5	60	61.5	63	1.5
袖口	13.5	14.0	14.5	15.0	15.5	0.5

三、基本纸样绘制（图7-2）

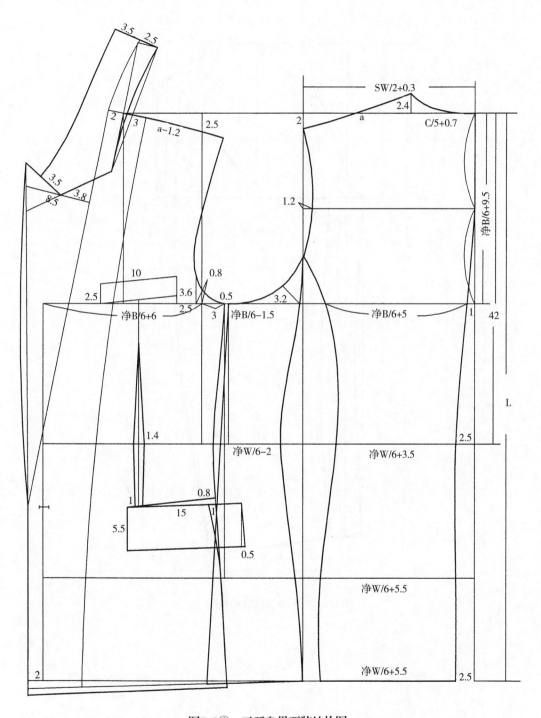

图7-2①　三开身男西装结构图

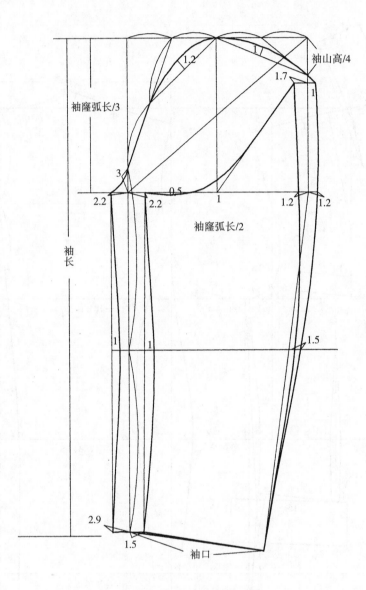

图7-2 三开身男西装结构图

四、工业样板（图7-3）

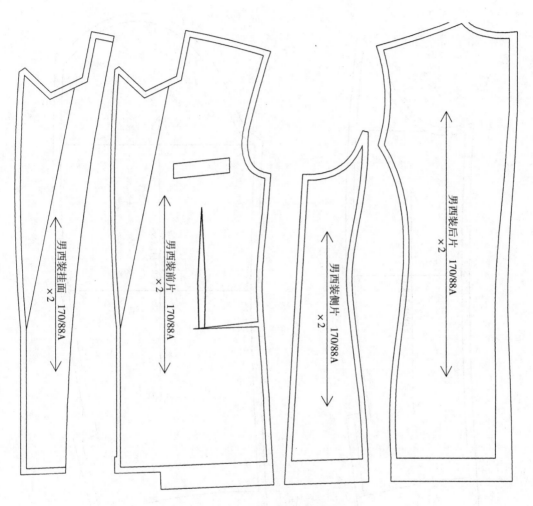

图7-3① 三开身男西装工业样板

男西装挂面
×2
170/88A

男西装前片
×2
170/88A

男西装侧片
×2
170/88A

男西装后片
×2
170/88A

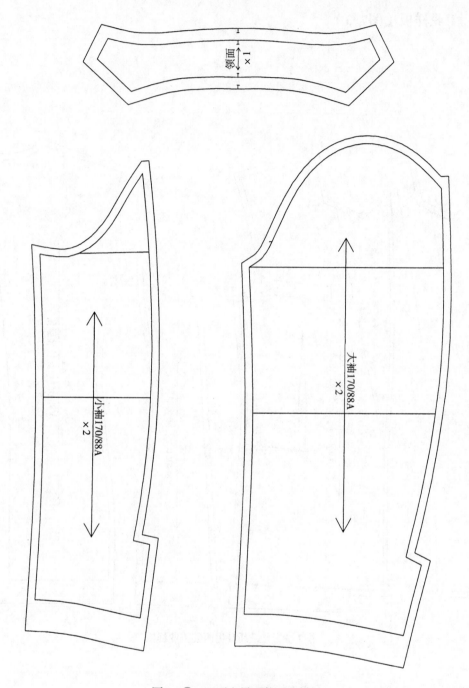

图7-3② 三开身男西装工业样板

五、推板

（一）后片推板

一般情况下，三开身男西装后片推板选取胸围线为长度方向的基准线，后中线为围度方向的基准线，两线交点为基准点。后片推板数据见表7-2。

表7-2　后片推板数据表　　　　　　　　　　　　　（单位：cm）

放码点	长度方向	围度方向	备　　注
O	0	0	基准点
D	0.7	0.6	△Dy=△袖窿深，△Dx=△肩宽/2
C	0.8	0.2	△Cy=△袖窿深+0.1（落肩变化量），△Cx=△领围/5
A	0.75	0	△Ay=△袖窿深+△后领深（0.05）
F	0.4	0	△Fy=△Ay/2
E	0.4	0.7	△Ey=△Ay/2，△Ex=△背宽
H	0.2	0.7	△Hy=△Ey/2，△Hx=△背宽
G	0	0.7	△Gx=△背宽
J	0.45	0.7	△Jy=△背长-△A，△Jx=△背宽
I	0.45	0	△Iy=△Jy
M	0.95	0.7	△My=△Jy+0.5（腰臀深变化量），△Mx=△背宽
K	0.95	0	△Ky=△My
N	1.25	0.7	△Ny=△衣长-△A，△Nx=△背宽
L	1.25	0	△Ly=△Ny

（二）腋下片推板

一般情况下，三开身男西装腋下片推板选取胸围线为长度方向的基准线，侧缝线为围度方向的基准线，两线交点为基准点。腋下片推板数据见表7-3。

表7-3　腋下片推板数据表　　　　　　　　　　　　（单位：cm）

放码点	长度方向	围度方向	备　　注
O	0	0	基准点
H	0.2	0.6	△Hy同后片H点，△Hx=△袖窿宽
G	0	0.6	△Gx=△袖窿宽
J	0.45	0.6	△Jy同后片J点，△Jx=△袖窿宽

放码点	长度方向	围度方向	备　注
I	0.45	0	△Iy=△Jy
M	0.95	0.6	△My同后片M点，△Mx=△袖窿宽
K	0.95	0	△Ky=△My
N	1.25	0.6	△Ny同后片N点，△Nx=△袖窿宽
L	1.25	0	△Ly=△Ny

（三）前片推板

一般情况下，三开身男西装前片推板选取胸围线为长度方向的基准线，前中线为围度方向的基准线，两线交点为基准点。前片推板数据见表7-4。

表7-4　前片推板数据表　　　　　　　　　　（单位：cm）

放码点	长度方向	围度方向	备　注
A	0.75	0.3	△Ay同后片A点，△Ax=△胸宽/2≈0.3
C	0.7	0.7	△Cy同后片D点，△Cx=0.3+（△肩宽/2−0.2）=0.7
F	0	0.7	△Fx=△胸宽/2
G	0	0.7	△Gx=△胸宽/2
H	0.45	0.7	△Hy=△背长−△A，△Jx=△胸宽
I	0.7	0.7	△Iy=△Hy+0.5/2，△Ix=△胸宽
Q	1.25	0.7	△Qy=△衣长−△Ay，△Qx=△胸宽
S、R	1.25	0	同△Qy
O	0.7	0	同△Iy
V	0	0.35	△Vx=△胸宽/2
M、N	0.45	0.35	△My=△Ny=△Hy，△Mx=△Nx=△胸宽/2
T、P	0.7	0.35	△Ty=△Py=△Iy，△Tx=△Px=△胸宽/2
B	0	0.2	根据手巾袋的位置，B点围度方向变化量取0.2cm，手巾袋大小档差为0.3cm，所以D点围度方向变化0.5cm
D	0	0.5	

（四）大袖推板

一般情况下，三开身男西装大袖推板选取袖开深线为长度方向的基准线，内袖缝线为围度方向的基准线，两线交点为基准点。围度推板参考第三章原型袖的推板方法。大袖推板数据见表7-5。

表7-5　大袖推板数据表　　　　　　　　　　　　（单位：cm）

放码点	长度方向	围度方向	备　　注
C	0	0	基准点
H	0.4	#	$\triangle$Hy=$\triangle$4/5袖山高，围度方向按照制图方法进行推板，大小以#代替
G	0.5	#/2	$\triangle$Gy=$\triangle$袖山高，$\triangle$Gx=#/2
E	0	#	$\triangle$Ex=#
K	0.5	#	$\triangle$Ky=（$\triangle$袖长－$\triangle$袖山高）/2，$\triangle$Kx=#
R、L	1	0.5	$\triangle$Ry=$\triangle$Ly=$\triangle$袖长－$\triangle$袖山高，$\triangle$Rx=$\triangle$Lx=$\triangle$袖口
B	1	0	同$\triangle$Ly
J	0.5	0	同$\triangle$Ky

（五）小袖推板

一般情况下，三开身男西装小袖推板选取袖开深线为长度方向的基准线，内袖缝线为围度方向的基准线，两线交点为基准点。围度推板参考第三章原型袖的推板方法。小袖推板数据见表7-6。

表7-6　小袖推板数据表　　　　　　　　　　　　（单位：cm）

放码点	长度方向	围度方向	备　　注
C	0	0	基准点
H	0.4	#	$\triangle$Hy同大袖H点，$\triangle$Hx=#
E	0	#	$\triangle$Ex=#
K	0.5	#	$\triangle$Ky同大袖K点，$\triangle$Kx=#
R、L	1	0.5	$\triangle$Ry=$\triangle$Ly=$\triangle$袖长－$\triangle$袖山高，$\triangle$Rx=$\triangle$Lx=$\triangle$袖口
B	1	0	同大袖B点
J	0.5	0	同大袖J点

（六）领子推板

领子推板比较简单，一般以领尖点为基准点，在领后中线直接放出领围的档差即可。

三开身男西装推板数值图见图7-4。

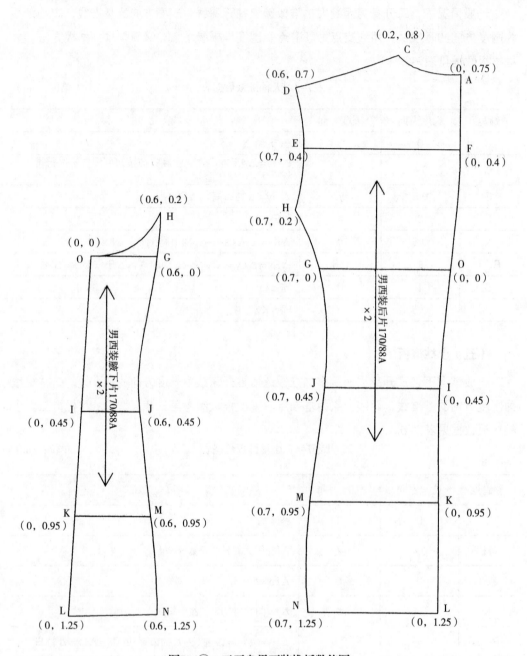

图7-4① 三开身男西装推板数值图

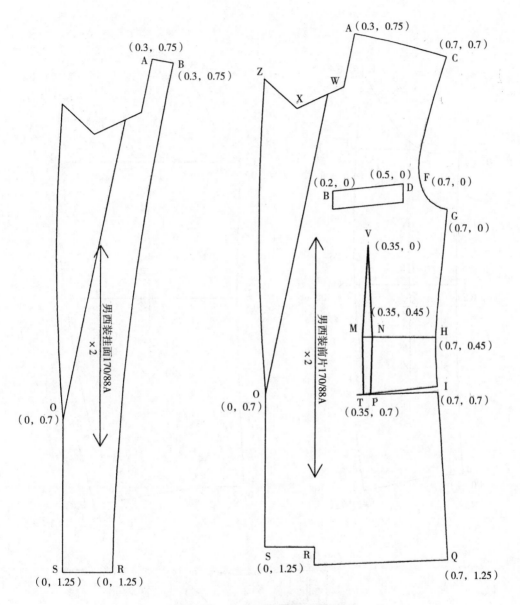

（0.3，0.75）

A

B
（0.3，0.75）

A（0.3，0.75）

（0.7，0.7）
C

Z

X

W

（0.2，0）
B

（0.5，0）
D

F（0.7，0）

G
（0.7，0）

男西装挂面170/88A
×2

男西装前片170/88A
×2

V
（0.35，0）

（0.35，0.45）
M N

H
（0.7，0.45）

O
（0，0.7）

O
（0，0.7）

I
（0.7，0.7）

T P
（0.35，0.7）

S
（0，1.25）

R
（0，1.25）

S
（0，1.25）

R

Q

（0.7，1.25）

图7-4② 三开身男西装推板数值图

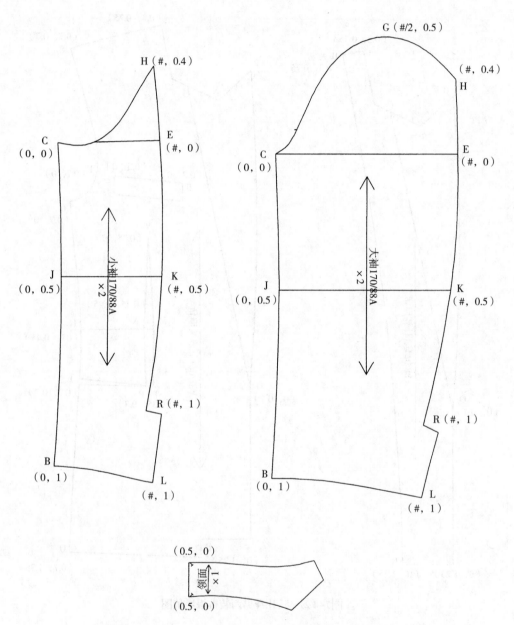

图7-4③ 三开身男西装推板数值图

三开身男西装推板网状图见图7-5。

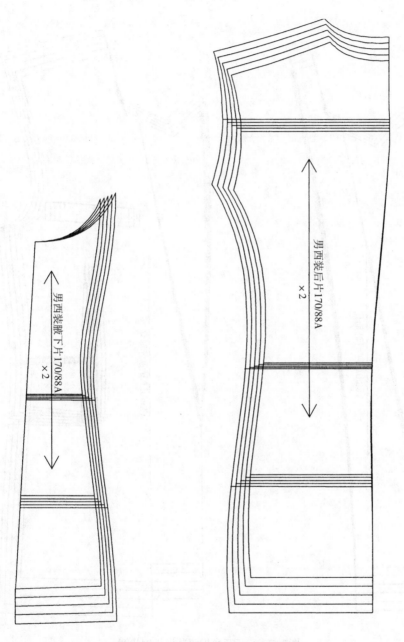

图7-5①　三开身男西装推板网状图

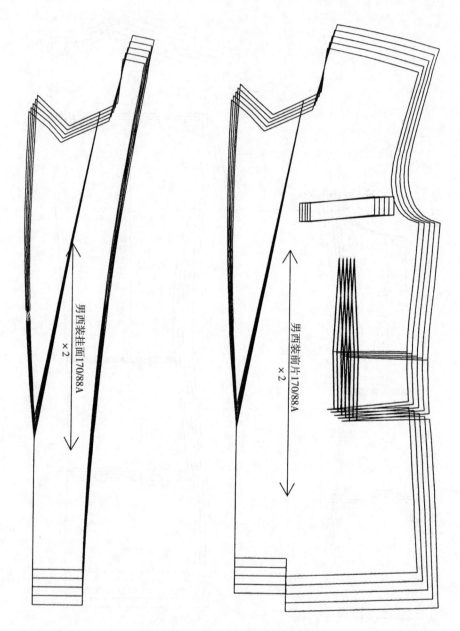

男西装挂面170/88A ×2

男西装前片170/88A ×2

图7-5② 三开身男西装推板网状图

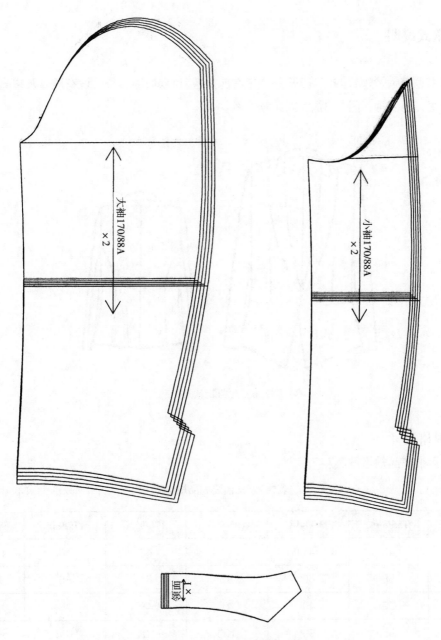

大袖170/88A ×2

小袖170/88A ×2

领面 ×1

图7-5③　三开身男西装推板网状图

第二节　女西装工业制板

一、款式说明

该款西装戗驳领1粒扣、四开身，左右前片各有1双嵌线口袋，设有腰省及袋省，后片公主线，两片袖。图7-6是女西装款式图。

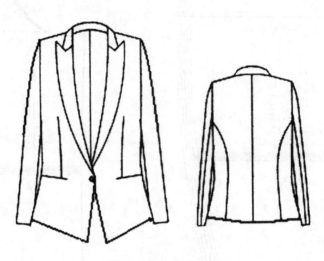

图7-6　女西装款式图

二、规格尺寸

女西装成品规格见表7-7。

表7-7　女西装成品规格　　　　　　　　　　　　　　　（单位：cm）

部位	155/80A	160/84A	165/88A	170/92A	175/96A	档差
领围	40	41	42	43	44	1.0
衣长	58	60	62	64	66	2
肩宽	39	40	41	42	43	1
胸围	92	96	100	104	108	4
背长	37	38	39	40	41	1
袖长	55.5	57	58.5	60	61.5	1.5
袖口	12.5	13	13.5	14	14.5	0.5

三、基本纸样绘制（图7-7）

基本纸样绘制及结构图见图7-7。

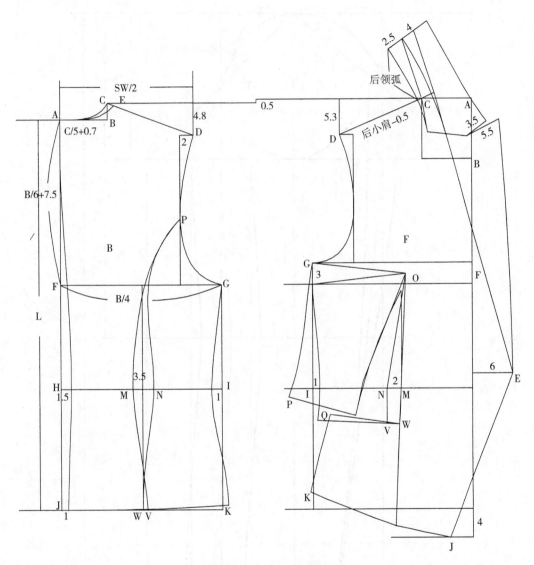

图7-7①　女西装结构图

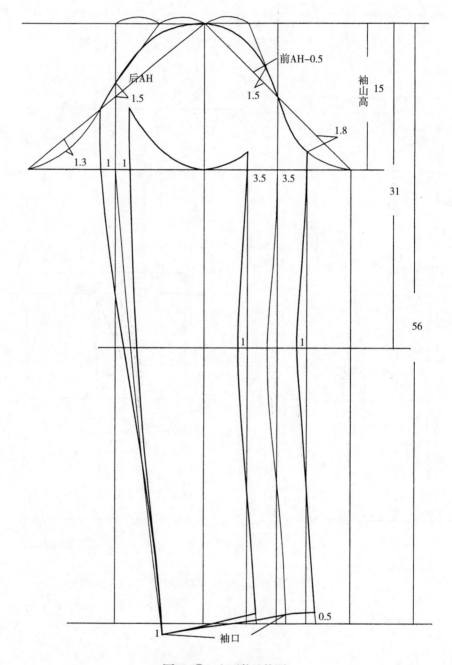

图7-7② 女西装结构图

四、工业样板（图7-8）

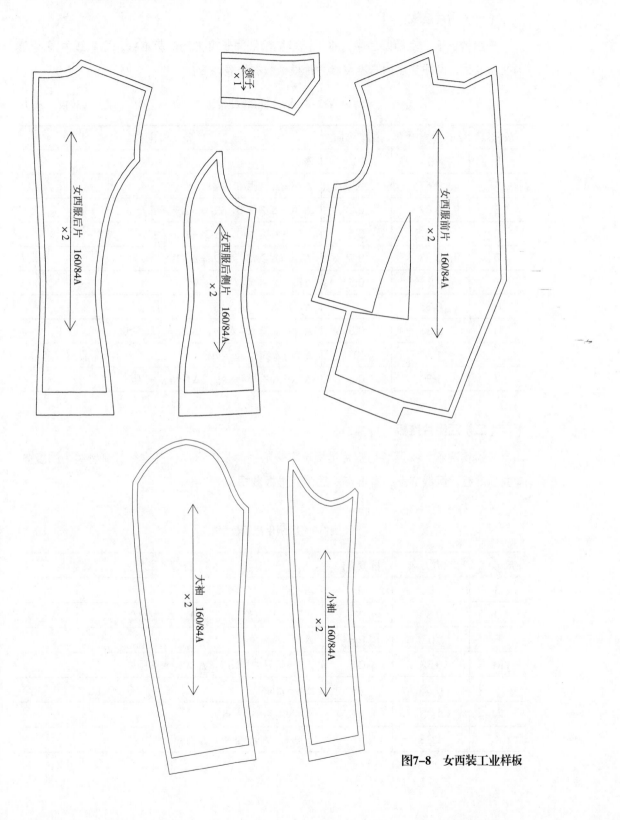

领子
×1

女西服后片
×2 160/84A

女西服后侧片
×2 160/84A

女西服前片
×2 160/84A

大袖
×2 160/84A

小袖
×2 160/84A

图7-8　女西装工业样板

五、推板

（一）后片推板

一般情况下，女西装后中片推板选取胸围线为长度方向的基准线，后中线为围度方向的基准线，两线交点为基准点。后片模板数据见表7-8。

表7-8 后片推板数据表 （单位：cm）

放码点	长度方向	围度方向	备 注
E	0	0	基准点
A	0.67	0	△Ay=△胸围/6
B	0.67	0.2	△By=△胸围/6，△Bx=△领围/5
C	0.67	0.5	△Cy=△胸围/6，△Cx=△肩宽/2
D	0.33	0.7	△Dy=△Cy/2，△Dx=△胸宽
F	0	0.5	△Fx=△胸围/4/2
H	0.33	0	△Hy=△背长−△Ay
N	0.33	0.5	△Ny=△背长−△Ay，△Nx=△胸围/8
L	1.33	0	△Ly=△衣长−△Ay
V	1.33	0.5	△Vy=△衣长−△Ay，△Nx=△胸围/8

（二）后侧片推板

一般情况下，女西装后侧片推板选取胸围线为长度方向的基准线，侧缝线为围度方向的基准线，两线交点为基准点。后侧片推板数据见表7-9。

表7-9 后侧片推板数据表 （单位：cm）

放码点	长度方向	围度方向	备 注
G	0	0	基准点
D	0.33	0.3	△Dy同后中片D点，△Dx=△袖窿宽/2
F	0	0.5	△Fx=△胸围/8
M	0.33	0.5	△My同后中片N点，△Mx=△胸围/8
I	0.33	0	△Iy=△My
W	1.33	0.5	△Wy同后中片V点
K	1.33	0	△Ky=△Wy，△Kx=△胸围/8

（三）前片推板

一般情况下，女西装前片推板选取胸围线为长度方向的基准线，前中线为围度方向的基准线，两线交点为基准点。前片推板数据见表7-10。

表7-10　前片推板数据表　　　　　　　　　　　　　　　　（单位：cm）

放码点	长度方向	围度方向	备　　注
A	0.67	0.25	△Ay同后片A点，△Ax=△领围/5+0.05
C	0.67	0.5	△Cy同后片C点，△Cx=△肩宽/2
D	0	1	△Dx=△胸围/4
E、F	0.33	1	△Ey=△Fy同后片H点，△Ex=△Fx=△胸围/4
G	1.33	1	△Gy=△衣长–△Ay，△Gx=△胸围/4
K	1.33	0	△Ky=△衣长–△Ay
H	1.33	0	△Hy=△衣长–△Ay
L	0.33	0	△Ly=△背长–△Ay
O	0	0.5	△Ox=△胸围/4/2
M、N	0.33	0.5	△My=△Ny同L点，△Mx=△Nx=△胸围/8
驳头推板采用拷贝的方法			

（四）大袖推板

一般情况下，女西装大袖推板选取袖开深线为长度方向的基准线，袖中线为围度方向的基准线，两线交点为基准点。大袖推板数据见表7-11。

表7-11　大袖推板数据表　　　　　　　　　　　　　　　　（单位：cm）

放码点	长度方向	围度方向	备　　注
A	0.5	0	△Ay=△袖山高
B	0.25	0.4	△By=△袖山高/2，△Bx=△袖肥/2（△袖肥≈0.8）
C	0	0.4	△Cx=△袖肥/2
D	0.25	0.4	△Dy=△袖长/2–△袖山高，△Dx=△袖肥/2
E	0.25	0.2	△Ey=△Dy，△Ex=△袖肥/2/2
G	1	0.4	△Gy=△袖长–△袖山高，△Gx=△袖肥/2
H	1	0.1	△Hy=△Gy，△Hx=△袖口–△Gx

（五）小袖推板

女西装小袖推板同大袖。

（六）领子推板

领子推板比较简单，一般以领尖点为基准点，在领后中线直接放出领围的档差即可。

女西装推板数据图见图7-9。

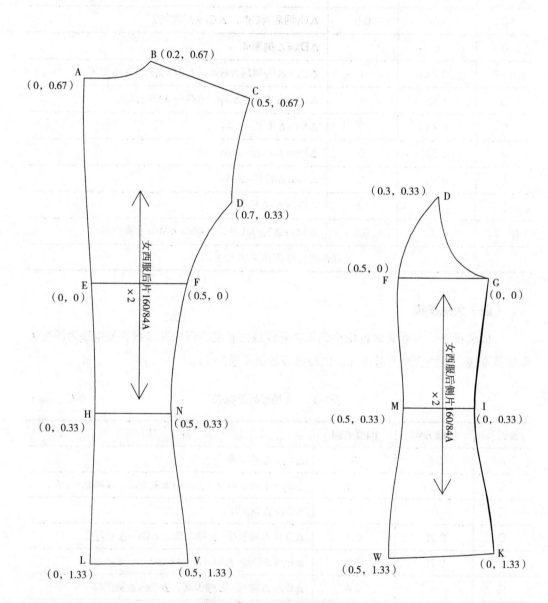

图7-9① 女西装推板数据图

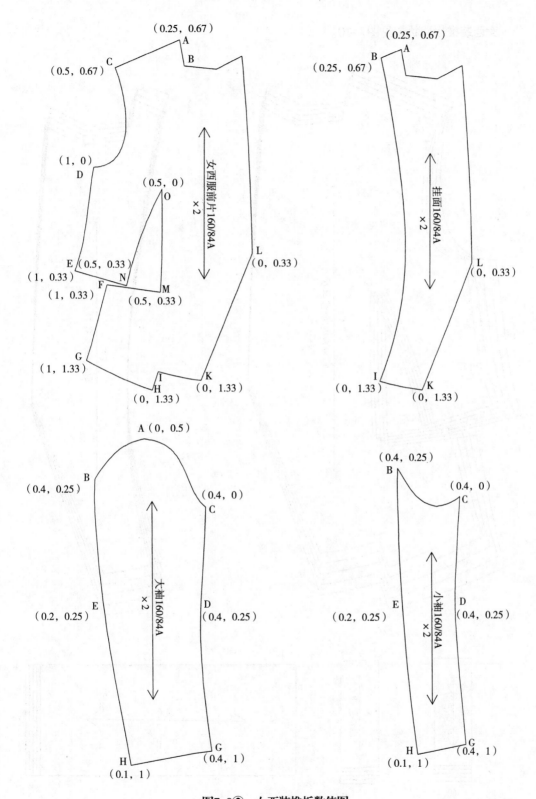

图7-9② 女西装推板数值图

女西装推板网状图见图7-10。

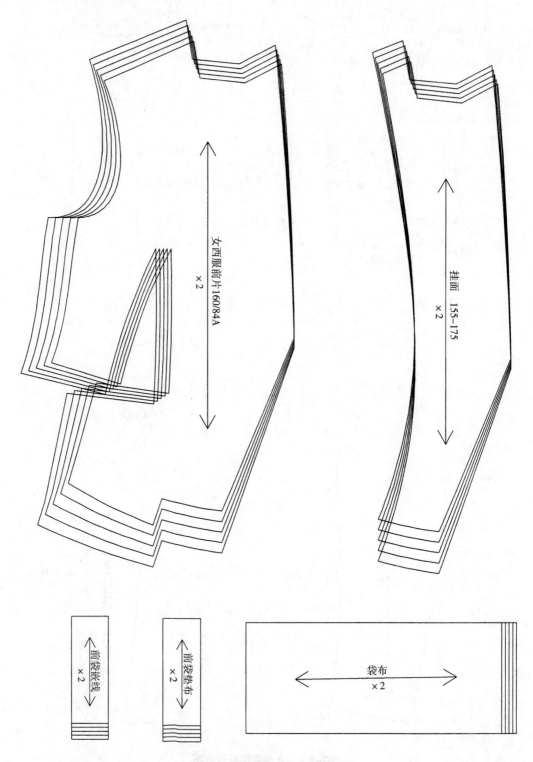

女西服前片160/84A ×2

挂面 155-175 ×2

前袋嵌线 ×2

前袋垫布 ×2

袋布 ×2

图7-10①　女西装推板网状图

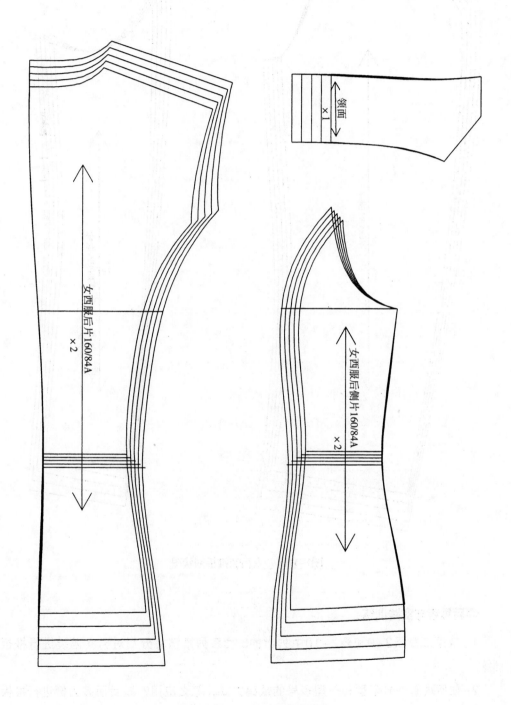

图7-10② 女西装推板网状图

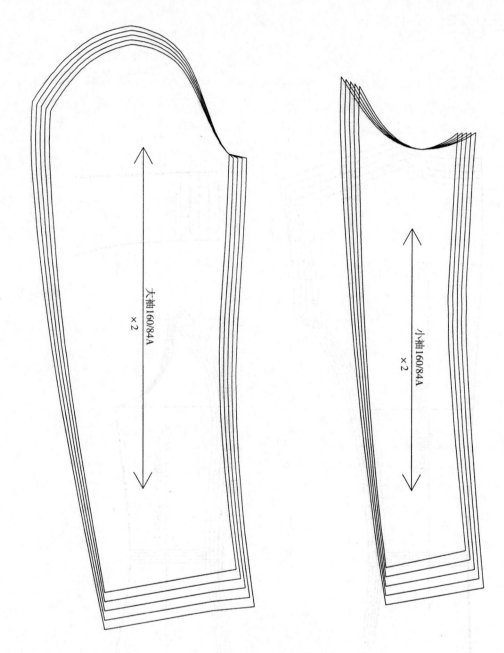

大袖160/84A ×2

小袖160/84A ×2

图7-10③ 女西装推板网状图

课后思考与实践训练：

1. 按第二章表2-9和表2-10中列出的5-3系列推裆值分别对男女西装进行推板训练。

2. 如何理解一号多型和一型多号的放码方式，怎么应用？以女西装为例进行推板训练。

第八章

大衣工业制板

第一节　连身袖立领休闲大衣工业制板

一、款式说明

该款大衣属休闲款式，衣身宽松，连身立领、连身长袖，腰部配有腰带，图8-1是连身袖立领大衣款式图。图8-1是连身袖立领大衣款式图。

图8-1　连身袖立领大衣款式图

二、规格尺寸

连身袖立领大衣成品规格见表8-1。

表8-1　连身袖立领大衣成品规格　　　　　　　　　（单位：cm）

部位	160/80A	165/84A	170/88A	175/92A	175/96A	档差
衣长	93	95	97	99	101	3
胸围	110	114	118	122	126	4
领围	37	38	39	40	41	1
肩宽	43	44	45	46	47	1
袖长	76.5	78	79.5	81	83.5	1.5
袖口	12.5	13.5	14.5	15.5	16.5	1

三、基本纸样绘制（图8-2）

基本纸样绘制及结构图见图8-2。

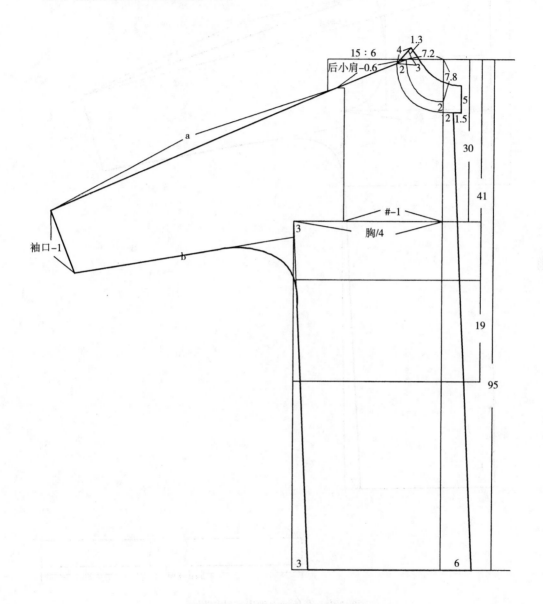

图8-2①　连身袖立领大衣结构图

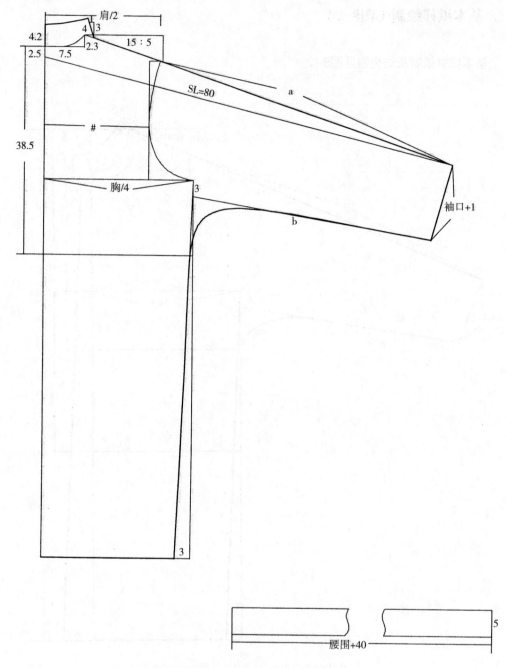

图8-2②　连身袖立领大衣结构图

四、工业样板

　　此款式采用双面呢进行裁剪缝制，因此只要在边缘部位放出0.6cm的缝份即可。如果采用单面面料裁剪制作，则放缝份方法参考西装缝份。连身立领大衣工业样板见图8-3。

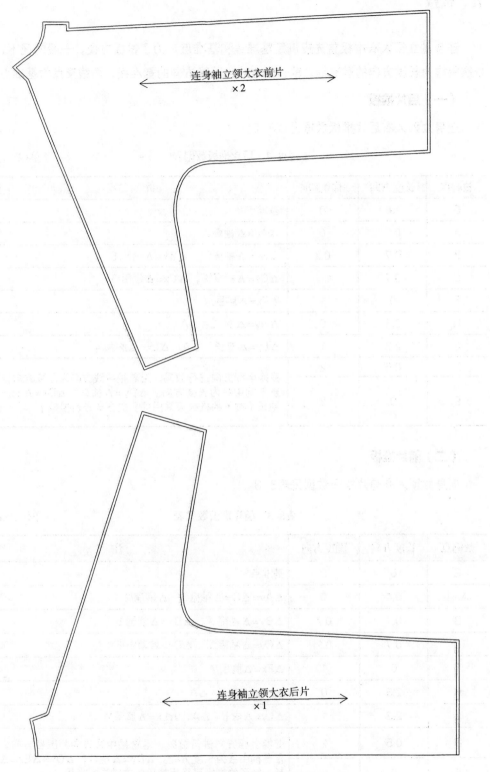

连身袖立领大衣前片
×2

连身袖立领大衣后片
×1

图8-3　连身袖立领大衣工业样板

五、推板

连身袖立领大衣推板首先应确定基准线和基准点。为了推板方便，一般情况下，选取胸围线为长度方向的基准线，前、后中线为围度方向的基准线，两线交点为基准点。

（一）后片推板

连身立领大衣后片推板数据见表8-2。

表8-2　后片推板数据表　　　　　　　　　　　　　　　（单位：cm）

放码点	长度方向	围度方向	备　注
G	0	0	基准点
A	0.7	0	△Ay=△袖窿深
B	0.7	0.2	△By=△袖窿深，△Bx=△领围/5
C	0.7	0.2	△Cy=△袖窿深，△Cx=△领围/5
F	0	1	△Fx=△胸围/4
H	2.3	0	△Hy=△衣长－△A
L	2.3	1	△Ly=△衣长－△A，△Lx=△胸围/4
D	0.5	2	变换坐标方向进行放码，沿着袖中线方向为围度方向，垂直于袖中线为长度方向。△Dy=△袖口，△Dx=△Ex=△袖长（袖子的推板可采用拷贝的方式进行推板）
E	0	2	

（二）前片推板

连身立领大衣前片推板数据见表8-3。

表8-3　前片推板数据表　　　　　　　　　　　　　　　（单位：cm）

放码点	长度方向	围度方向	备　注
G	0	0	基准点
A、I	0.4	0	△Ay=△Iy=△袖窿深－△领深/2
B	0.7	0.2	△By=△袖窿深，△Bx=△领围/5
C	0.7	0.2	△Cy=△袖窿深，△Cx=△领围/5
F	0	1	△Fx=△胸围/4
H	2.3	0	△Hy=△衣长－△A
L	2.3	1	△Ly=△衣长－△A，△Lx=△胸围/4
D	0.5	2	变换坐标方向进行放码，沿着袖中线方向为围度方向，垂直于袖中线为长度方向。△Dy=△袖口，△Dx=△Ex=△袖长（袖子的推板可采用拷贝的方式进行推板）
E	0	2	

（三）腰带推板

腰带的推板比较简单，一般在后腰中心处放出即可。

连身领立领大衣推板数值图见图8-4。

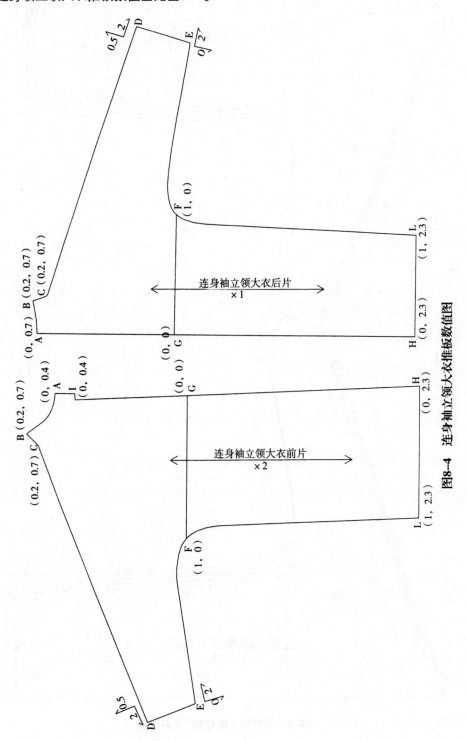

图8-4 连身袖立领大衣推板数值图

连身袖立领大衣推板网状图8-5。

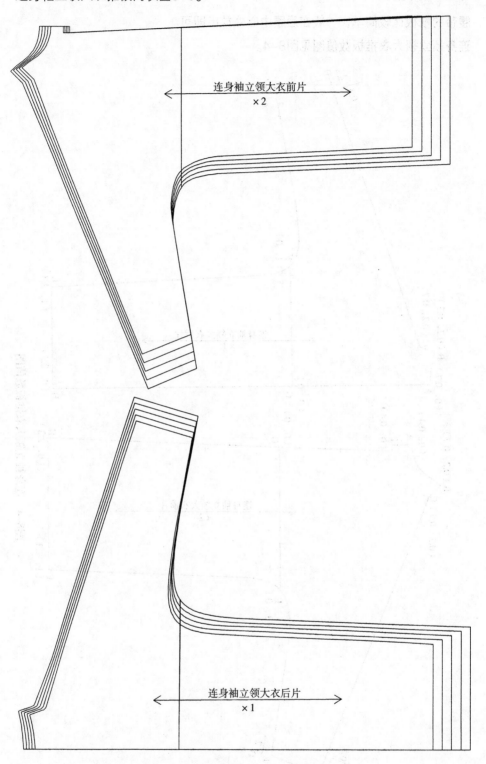

连身袖立领大衣前片
×2

连身袖立领大衣后片
×1

图8-5　连身袖立领大衣推板网状图

第二节　青果领插肩袖上衣工业制板

一、款式说明

　　该款上衣属休闲款式，衣身宽松，青果领、插肩袖。图8-6是青果领插肩袖上衣款
式图。

图8-6　青果领插肩袖上衣款式图

二、规格尺寸

　　青果领插肩袖上衣成品规格见表8-4。

表8-4　青果领插肩袖上衣成品规格　　　　　　　（单位：cm）

部位	160/80A	160/84A	165/88A	170/92A	175/96A	档差
衣长	68	70	72	74	76	2
胸围	96	100	104	108	112	4
领围	37	38	39	40	41	1
肩宽	40	41	42	43	44	1
袖长	55	56.5	58	59.5	61	1.5
袖口	13	14	15	16	17	1

三、基本纸样绘制（图8-7）

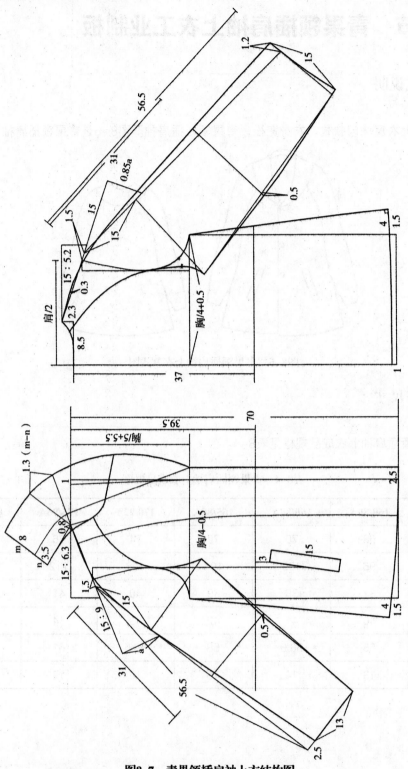

图8-7 青果领插肩袖上衣结构图

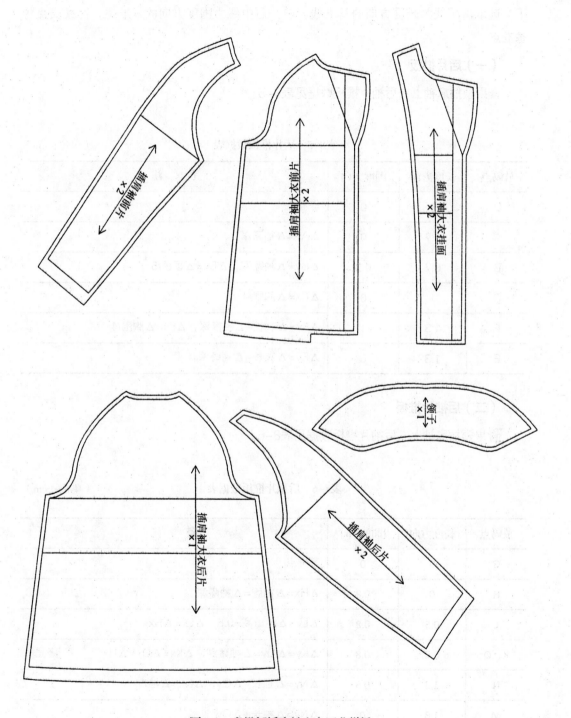

图8-8 青果领插肩袖上衣工业样板

五、推板

青果领插肩袖上衣推板首先应确定基准线和基准点。为了推板方便，一般情况下，选取胸围线为长度方向的基准线，前、后中线为围度方向的基准线，两线交点为基准点。

（一）后片推板

青果领插肩袖上衣后袖片推板数据见表8-5。

表8-5 后片推板数据表 （单位：cm）

放码点	长度方向	围度方向	备 注
D	0	0	基准点
A	0.7	0	△Ay=△袖窿深
B	0.7	0.2	△By=△袖窿深，△Bx=△领围/5
C	1	0	△Cx=△胸围/4
F	1.3	1	△Fy=△衣长-△袖窿深，△Fx=△胸围/4
E	1.3	0	△Ey=△衣长-△袖窿深

（二）后袖片推板

青果领插肩袖上衣后袖片推板数据见表8-6。

表8-6 后袖片推板数据表 （单位：cm）

放码点	长度方向	围度方向	备 注
G	0	0	基准点
H	0	0.8	△Hx=△袖肥=△袖窿深
L	0.5	0.8	△Ly=△袖山高=0.5，△Lx=△Hx
K、Q	0.7	0.8	△Ky=△Qy=△袖窿深，△Kx=△Qx=△Hx
N	1.3	0.5	△Ny=△袖长-△Qy，△Nx=△袖口
M	1.3	0	△Ny=△袖长-△Qy

（三）前片推板

青果领插肩袖上衣前片推板数据见表8–7。

表8–7　前片推板数据表

单位：cm

放码点	长度方向	围度方向	备　　注
D	0	0	基准点
A	0.5	0.1	△Ay=△袖窿深–△领深（△领围/5）
B	0.7	0.2	△By=△袖窿深，△Bx=△领围/5
C	1	0	△Cx=△胸围/4
F	1.3	1	△Fy=△衣长–△袖窿深，△Fx=△胸围/4
E、R	1.3	0	△Ey=△衣长–△袖窿深=△Ry

（四）前袖片推板

青果领插肩袖上衣前袖片推板数据见表8–8。

表8–8　前袖片推板数据表

单位：cm

放码点	长度方向	围度方向	备　　注
G	0	0	基准点
H	0	0.8	△Hx=△袖肥=△袖窿深
L	0.5	0.8	△Ly=△袖山高=0.5，△Lx=△Hx
K、Q	0.7	0.8	△Ky=△Qy=△袖窿深，△Kx=△Qx=△Hx
N	1.3	0.5	△Ny=△袖长–△Qy，△Nx=△袖口
M	1.3	0	△Ny=△袖长–△Qy

（五）领子推板

领子推板比较简单，一般以领尖点为基准点，在领后中线直接放出领围的档差即可。

青果领插肩袖上衣推板数值图见图8–9。

青果领插肩袖上衣推板网状图见图8–10。

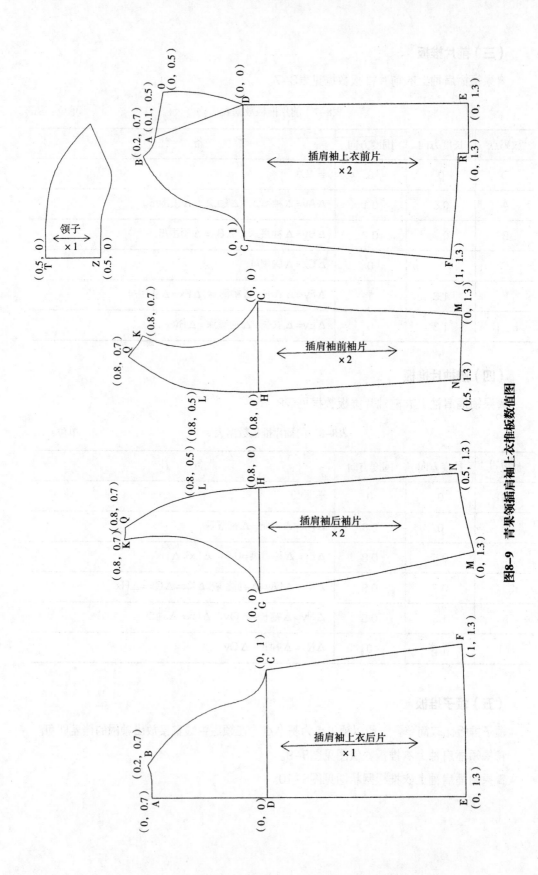

图8-9 青果领插肩袖上衣推板数值图

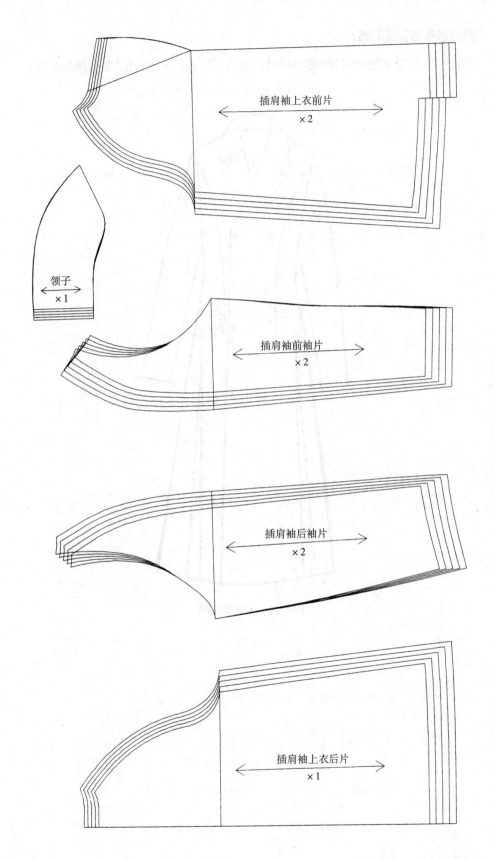

插肩袖上衣前片
×2

领子
×1

插肩袖前袖片
×2

插肩袖后袖片
×2

插肩袖上衣后片
×1

图8-10　青果领插肩袖上衣推板网状图

课后思考与实践训练：

根据图8-11款式图按照160/84A设计规格进行制板，并进行5.4系列推板训练。

图8-11　大衣款式图

第九章

服装排料基础知识

服装排料又称排版、排唛架、划皮、套料等，是指一个产品排料图的设计过程，是在满足设计、制作等要求的前提下，将服装各规格的所有衣片样板在指定的面料幅宽内进行科学的排列，以最小面积或最短长度排出用料定额。目的是使面料的利用率达到最高，以降低产品成本，同时给铺料、裁剪等工序提供可行的依据。排料是进行辅料和裁剪的前提。通过排料，可知道用料的准确长度和样板的精确摆放次序，使铺料和裁剪有所依据。所以，排料工作对面料的消耗、裁剪的难易、服装的质量都有直接的影响，是一项技术性很强的操作工艺。

一、排料的必备要件

　　（1）订单明细。

　　（2）全码尺寸表。

　　（3）样衣或款式图。由尺寸表和样衣或款式图可以制出样板。

　　（4）面料的门幅和缩率（水洗缩率、烫缩等，主要为水洗缩率）。

　　（5）其他信息。包括面料的品质（主要为面料的色差情况），面料的特征（是否有方向性，如灯芯绒的毛向要求、印花布的文字图案方向要求、编织纹的阴阳纹路情况等。）

二、服装排料的规则

　　（1）方向规则。首先是所有衣片的摆放都要使衣片上的经线方向与材料的经线方向相一致；二是没有倒顺方向和倒顺图案的材料可以将衣片掉转方向进行排料，以达到提高材料利用率的目的，叫做倒顺排料；对于有方向区别和图案区别的材料就不能倒顺排料；三是对于格子面料，尤其是鸳鸯格面料在排料时一定做到每一层都要对准相应位置，而且正面朝向要一致。

　　（2）大小主次规则：从材料的一端开始，按先大片、后小片，先主片、后次片，零星部件见缝插针，达到节省材料的目的。

　　（3）紧密排料规则：排料时，在满足上述规则的前提下，应该紧密排料，衣片之间尽量不要留有间隙，达到节省材料的目的。

　　（4）注意每一个衣片样板的标记，一个样板标记2片的，往往是正反相对的2片。

三、服装排料的基本方法

1. 折叠排料法

折叠排料法是指将布料折叠成双层后再进行排料的一种排料方法，这种排料方法较适合少量制作服装时采用。折叠排料法省时省料，不会出现裁片同顺的错误。纬向对折排料适用于除倒顺毛和有图案织物外的面料，在排料中要注意样板的丝缕方向与布料的丝缕相同。经向对折排料适合于除鸳鸯条、格子及图案织物外的面料，其排料方法与纬向排料方法基本相同。

（1）纬向对折。纬向对折排料适合于除倒顺毛和图案织物以及蕾丝花边外的面料。排料中要注意样板的丝缕与面料的丝缕相同。其排料形式变化较大，如采用印花、提花和格子织物排料，就应注意主要部位的对条（花）和对格（波）。该方法适合批量排料。

（2）经向对折。经向对折排料适合于对称花边、格子及图案织物以及倒顺毛的面料。其排料方法与纬向对折基本相同，但遇到倒顺毛面料时，必须将其朝同一顺毛方向排料。该方法适合单件（套）排料。

2. 单层排料法

单层排料法是指布料单层全部展开来进行的一种方法。

（1）对称排料。成品内衣的左右部位可在同一层布料上和合成对，也就是说，一片纸样（样板）画好后必须翻身再画一片，进行单层对称排料。

（2）不对称排料。不对称内衣可以单层排料，包括罩杯左右不对称或者其中一片有折叠，以及需要内拼接成用印花等。

（3）其他排料。如遇到有倒顺毛、条格和花纹图案的面料，在左右部位对称的情况下，要先画好第一片纸样后将它翻身，而第二片则按第一片的同样方向（包括长度和经向方向）画样。花边面料在排料时一定要注意对花、对波。

3. 多层平铺排料法

多层平铺排料法是指将面料全部以平面展开后进行多层重叠，然后用电动裁刀剪开各衣片，该排料法适用于成衣工厂的排料。布料背对背或面对面多层平铺排料，适合于对称及非对称式服装的排料。遇到倒顺毛、条格和花纹图案时一定要慎重，在左右部位对称的情况下，设计倒顺毛向上或向下保持一致。有上下方向感的花纹面料排料时要设计各裁片的花纹图案统一朝上。

4. 套裁排料法

套裁排料法是指两件或两件以上的服装同时排料的一种排料法，该排料法主要适合家庭及个人为节省面料和提高面料利用的一种方法。

5. 紧密排料法

紧密排料法的要求是，尽可能地利用最少的面料排出最多的裁片，其基本方法包括：

（1）先长后短。如前后裤片先排，然后再排其他较短的裁片。

（2）先大后小。如先排前后衣片、袖片，然后再排较小的裁片。

（3）先主后次。如先排暴露在外面的袋面、领面等，然后再排次要的裁片。

（4）见缝插针。排料时要利用最佳数学排列原理，在各个裁片形状相吻合的情况下，利用一切可利用的面料。

（5）见空就用。在排料时如看到有较大的面料空隙时，可以通过重新排料组合，或者利用一些边料进行拼接，使最大程度地节省面料，降低服装成本。

6. 合理排料法

合理排料法是指排料不仅要追求省时省料，同时还要全面分析布局的科学性。要根据款式的特点从实际情况出发，随机应变，物尽其用。

（1）避免色差。一般有较重色差的面料是不可用的，但有时色差很小或不得不用时，我们就要考虑如何合理地排料了。一般布料两边的色泽质量相对较差，所以在排料时要尽量将裤子的内侧缝排放在面料两侧，因为外侧缝线的位置视觉上要比内侧缝的位置重要得多。

（2）合理拼接。在考虑充分利用面料的同时，挂面、领里、腰头、袋布等部位的裁剪通常可采用拼接的方法。例如，领里部分可以多次拼接，挂面部分也可以拼接，但是不要拼在最上面的一粒钮扣的上部，或最下面一粒钮扣的下面，以免影响美观。

（3）图案的对接。在排有图案的面料时，一定要进行计算和试排料来求得正确的图案之吻合，使排料符合专业要求。

（4）按设计要求，样板的丝缕与面料的丝缕保持一致。

四、服装排料的要求

要求：避免色差，利用布边，合理拼接，掌握丝缕。

（1）避免色差。对于有严重色差的面料，一般不宜利用。但如色差不是很大，就要考虑既能避免色差又能充分利用面料。

（2）利用布边。一般来说，布边由于原料在加工过程中会留有较宽的针眼，排料时如不考虑避开针眼，将严重影响服装的质量和美观。为了既保证服装的质量，又能节约面料，一般布边的利用不得超过1cm。

（3）合理拼接。在考虑节约用料的情况下，部分里料部件的裁剪通常可采取拼接方法。如衬裙的里料以及贴边等，拼接以不影响美观为原则。

（4）掌握丝缕。凡高级内衣，衣片的丝缕是不允许歪斜的。但在普通内衣中，为了追求原料的利用率，允许在不影响外观美的前提下，在素色面料和不太主要的部位，可以有适当的歪斜。

另外，如是批量的成衣排料，则要根据批量的大小，决定排料方法及尺码搭配。批量少的或格子面料可用双幅排料，批量大的可用单幅排料。如相同批量不同规格尺码的可以放在一起相互搭配排料，以减少重复排料，一般是小尺码与大尺码套排，中间尺码自行套排，余下布料可单件（套）排料。

参考文献

1. 潘波，赵欲晓.服装工业制板［M］.北京:中国纺织出版社，2010
2. 魏雪晶，魏丽.服装结构原理与制板推板技术［M］.北京：中国纺织出版社，1998
3. 谢良.服装结构设计研究与案例［M］.上海：上海科学技术出版社，2005
4. 闵悦.服装结构设计与应用［M］.北京：北京理工大学出版社，2009
5. 宋伟.服装结构设计与纸样［M］.南京：南京大学出版社，2011
6. 张华.服装结构设计与制板［M］.上海：上海交通大学出版社，2004
7. 刘瑞璞.服装结构设计原理与技巧［M］.北京：中国纺织出版社，1991
8. 刘建智.服装结构原理与原型工业制版［M］.北京：中国纺织出版社，2003
9. 吕学海.服装结构原理与制图技术［M］.北京：中国纺织出版社，2008
10. 吴伟刚.服装标准应用［M］.北京：中国纺织出版社，2002
11. 周邦桢.服装工业制板推板原理与技术［M］.上海：东华大学出版社，2012
12. 李正.服装工业制版［M］.上海：东华大学出版社，2003
13. 吴清萍，黎蓉.服装工业制版与推板技术［M］.北京：中国纺织出版社，2011
14. 闵悦，李淑敏.服装工业制版与推板技术［M］.北京：北京理工大学出版社，2010
15. 金少军，刘忠艳.服装工业制版原理与应用［M］.湖北：湖北科技技术出版社，2010
16. 徐雅琴，谢红，刘国伟.服装制版与推板细节解析［M］.化学工业出版社，2010
17. 娄明朗.服装制版技术［M］.上海：上海科学技术出版社，2011
18. 张文斌.服装制版［M］.上海：东华大学出版社，2005
19. 于国兴.服装工业制版［M］.上海：东华大学出版社，2014